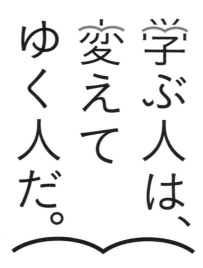

学ぶ人は、
変えて
ゆく人だ。

目の前にある問題はもちろん、

人生の問いや、

社会の課題を自ら見つけ、

挑み続けるために、人は学ぶ。

「学び」で、

少しずつ世界は変えてゆける。

いつでも、どこでも、誰でも、

学ぶことができる世の中へ。

旺文社

最高クラス
問題集

算　数

小学2年

旺文社

目　次

編集協力	有限会社マイプラン
装丁・本文デザイン	及川真咲デザイン事務所
校正	株式会社ぷれす, 吉川貴子, 荻原幸恵

中学受験を視野に入れたハイレベル問題集シリーズ

●中学入試に必要な学力は早くから養成することが大切！

中学受験では小学校の教科書を超える高難度の問題が出題されますが，それらの問題を解くための「計算力」や「思考力」は短期間で身につけることは困難です。早い時期から取り組むことで本格的な受験対策を始める高学年以降も余裕を持って学習を進めることができます。

●3段階のレベルの問題で確実に学力を伸ばす！

本書では各単元に3段階のレベルの問題を収録しています。教科書レベルの問題から徐々に難度を上げていくことで，確実に学力を伸ばすことができます。上の学年で扱う内容も一部含まれていますが，当該学年でも理解できるように工夫しています。

本書の3段階の難易度

★　　標準レベル … 教科書と同程度のレベルの問題です。確実に基礎から固めていくことが学力を伸ばす近道です。

★★　上級レベル … 教科書よりも難度の高い問題で，応用力を養うことができます。

★★★ 最高レベル … 上級よりもさらに難しい，中学入試を目指す上でも申し分ない難度です。

●過去問題・思考力問題で実際の入試をイメージ！

本書では実際の中学受験の過去問も掲載しています。全問正解は難しいかもしれませんが，現時点の自分とのレベルの差や受験当日までに到達する学力のイメージを持つためにぜひチャレンジしてみて下さい。さらに，中学入試では思考力を問われる問題が近年増えているため，本書では中学受験を意識した思考力問題を掲載しています。暗記やパターン学習だけでは解けない問題にチャレンジして，自分の頭で考える習慣を身につけましょう。

別冊・問題編

問題演習

標準レベルから
順に問題を解き
ましょう。

過去問題・
思考力問題に
チャレンジ

問題演習を済ませて
から挑戦しましょ
う。

復習テスト

いくつかの単元
ごとに，学習内
容を振り返るた
めのテストで
す。

総仕上げテスト

本書での学習の習熟
度を確認するための
テストを2セット用
意しています。

本冊・解答解説編

解答解説

丁寧な解説と，解
き方のコツがわか
る「中学入試に役
立つアドバイス」
のコラムも掲載し
ています。

解答解説
編

これ以降のページは別冊問題編の解答解説です。問題を解いてからお読み下さい。

本書の解答解説は保護者向けとなっています。採点は保護者の方がして下さい。

満点の8割程度を習熟度の目安と考えて下さい。また、間違えた問題の解き直しをすると学力向上により効果的です。

「中学入試に役立つアドバイス」のコラムでは、類題を解く際に役立つ解き方のコツを紹介しています。お子様への指導に活用して下さい。

1 たし算・ひき算の　ひっ算①

★ **標準レベル**　　問題2ページ

1 (1)　57　(2)　34　(3)　61　(4)　40
　　　 +21　　 +45　　 +13　　 +37
　　　 ───　　 ───　　 ───　　 ───
　　　　78　　　79　　　74　　　77

　　 (5)　95　(6)　86　(7)　38　(8)　65
　　　 −63　　 −55　　 −12　　 −45
　　　 ───　　 ───　　 ───　　 ───
　　　　32　　　31　　　26　　　20

2 (1) 96　(2) 79　(3) 49
　　 (4) 21　(5) 47　(6) 44

3 （しき）14 + 32 = 46
　　 （答え）46 まい

4 （しき）12 + 27 = 39
　　 （答え）39 ページ

5 （しき）23 + 16 = 39
　　 （答え）39 こ

6 （しき）35 − 12 = 23
　　 （答え）23 羽

7 （しき）96 − 15 = 81
　　 （答え）81 円

8 （しき）37 − 14 = 23
　　 （答え）りんごが　23 こ　多い。

解説

1 2桁の数のたし算は，十の位どうし，一の位
どうしを計算します。

(1)　 5 7
　 + 2 1　　一の位…7 + 1 = 8
　 ─────　　十の位…5 + 2 = 7
　 　7 8　　　10 が 7 個，1 が 8 個だから，答え
　　　　　　　は 78 になります。

2桁の数のひき算も，十の位どうし，一の位どう
しを計算します。

(5)　 9 5
　 − 6 3　　一の位…5 − 3 = 2
　 ─────　　十の位…9 − 6 = 3
　 　3 2　　　10 が 3 個，1 が 2 個だから，答え
　　　　　　　は 32 になります。

2 位を縦にそろえて書くように注意します。

(1)　　 5 4　(2)　　 2 6　(3)　　 1 8
　　 + 4 2　　　 + 5 3　　　 + 3 1
　　 ─────　　　 ─────　　　 ─────
　　 　9 6　　　　 7 9　　　　 4 9

(4)　　 8 5　(5)　　 5 9　(6)　　 6 4
　　 − 6 4　　　 − 1 2　　　 − 2 0
　　 ─────　　　 ─────　　　 ─────
　　 　2 1　　　　 4 7　　　　 4 4

3 全部の数を求めるので，たし算を使います。

14 + 32 = 46（枚）

5 問題文を図にして考えます。

　　　　はじめにあった□個
┌──────────┬──────┐
│　　　　　　│▨▨▨▨│
└──────────┴──────┘
　食べた23個　　あまり16個

食べたあめの数とあまったあめの数をたして，は
じめにあったあめの数を求めます。

23 + 16 = 39（個）

図の部分の数から，全体の□個を求めるには，た
し算とひき算のうち，たし算を使うとよいことを
確認しておきます。

7 問題文を図にして考えます。

　　　　買う物の金額96円
┌──────────────┬─────┐
│▨▨▨▨▨▨▨▨│　　　│
└──────────────┴─────┘
　持っていた金額□円　　足りなかった15円

はるかさんが持っていた金額は，買う物の金額
96 円から，足りなかった 15 円をひいて求めます。

96 − 15 = 81（円）

図の全体の数と部分の数から，部分の□円を求め
るには，全体の数から部分の数をひくことを確か
めておきます。

─── 中学入試に役立つ **アドバイス** ───
　文章題では，数量の関係を図で表すと，理解
しやすくなります。求めるものが全体なの
か，部分なのかに注意して，たし算になるの
か，ひき算になるのか考えます。

8 ちがいを求めるときは，ひき算を使います。
多い方のりんごの数から，みかんの数をひきます。

37 − 14 = 23（個）

1 (1)
```
   46
 + 35
 ----
   81
```
(2)
```
   16
 + 58
 ----
   74
```
(3)
```
   34
 + 18
 ----
   52
```
(4)
```
   24
 + 56
 ----
   80
```

(5)
```
   52
 - 14
 ----
   38
```
(6)
```
   91
 - 48
 ----
   43
```
(7)
```
   43
 - 17
 ----
   26
```
(8)
```
   60
 - 36
 ----
   24
```

2 (1) 41　(2) 82　(3) 63　(4) 51　(5) 27

(6) 37　(7) 14　(8) 38　(9) 8

3 （しき）14 + 29 = 43

（答え）43 本

4 （しき）35 + 18 = 53

（答え）53 びき

5 （しき）12 + 29 = 41

（答え）41 才

6 （しき）31 − 17 = 14

（答え）14 人

7 （しき）42 − 25 = 17

（答え）17 まい

8 （しき）41 − 28 = 13

（答え）ひなたさんが　13 回　多い。

解説

1 繰り上がりのあるたし算は，繰り上げた 1 を，十の位にたし忘れないようにしましょう。

(1)
```
  1 1
  4 6
+ 3 5
-----
  8 1
```
一の位…6 + 5 = 11

→十の位に 1 繰り上げます。

十の位…繰り上げた 1 と 4 で 5

5 + 3 = 8

10 が 8 個，1 が 1 個だから，答えは 81 になります。

繰り下がりのあるひき算は，繰り下げた 1 を，十の位からひき忘れないようにしましょう。

(5)
```
  4
  5 2
- 1 4
-----
  3 8
```
一の位…十の位から 1 繰り下げます。

12 − 4 = 8

十の位…1 繰り下げたので 4

4 − 1 = 3

10 が 3 個，1 が 8 個だから，答えは 38 になります。

2 (1)
```
   1
   25
 + 16
 ----
   41
```
(2)
```
   1
   36
 + 46
 ----
   82
```
(3)
```
   1
   18
 + 45
 ----
   63
```

(4)
```
   1
   24
 + 27
 ----
   51
```
(5)
```
   8
   9̸5
 − 68
 ----
   27
```
(6)
```
   4
   5̸1
 − 14
 ----
   37
```

(7)
```
   7
   8̸2
 − 68
 ----
   14
```
(8)
```
   5
   6̸7
 − 29
 ----
   38
```
(9)
```
   4
   5̸3
 − 45
 ----
    8
```

5 問題文を図にして考えます。

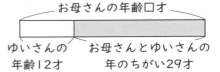

お母さんはゆいさんより 29 才年上だから，ゆいさんの年齢に 29 をたすと，お母さんの年齢が求められます。12 + 29 = 41（才）

7 問題文を図にして考えます。

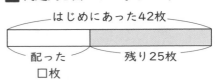

はじめにあった 42 枚から，残った 25 枚をひくと，配った枚数が求められます。

42 − 25 = 17（枚）

8 どちらがいくつ多いかを求めるときは，ひき算を使います。多い方のひなたさんの数から，あおいさんの数をひきます。

41 − 28 = 13（回）

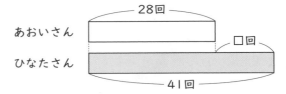

1 (1) 　 2 $\boxed{1}$　　(2) 　 3 4　　　(3) $\boxed{3}$ 5
　　　＋ 4 8　　　　＋ 1 $\boxed{7}$　　　＋ 4 9
　　　$\boxed{6}$ 9　　　　　 5 1　　　　 8 4

　　(4) 　 5 $\boxed{9}$　　(5) 　 1 4　　　(6) 　 9 $\boxed{8}$
　　　＋ $\boxed{2}$ 8　　　＋ 2 $\boxed{6}$　　　－ 2 2
　　　　 8 7　　　　 $\boxed{4}$ 0　　　　 $\boxed{7}$ 6

　　(7) 　 6 $\boxed{1}$　　(8) 　 8 1　　　(9) $\boxed{5}$ 0
　　　－ 3 4　　　　－ $\boxed{2}$ 9　　　－ 2 $\boxed{7}$
　　　　 2 7　　　　 5 $\boxed{2}$　　　　 2 3

2 （しき）38 ＋ 55 ＝ 93
　　（答え）93 円

3 （しき）85 － 67 ＝ 18
　　（答え）18 点

4 （しき）12 ＋ 13 ＝ 25
　　　　　 25 ＋ 18 ＝ 43
　　（答え）43 人

5 （しき）67 － 13 ＝ 54
　　　　　 54 － 25 ＝ 29
　　（答え）29 まい

6 (1)（しき）25 ＋ 46 ＝ 71
　　　　　　 71 ＋ 19 ＝ 90
　　　（答え）90 こ
　　(2)（しき）46 － 19 ＝ 27
　　　　（答え）27 こ

解説

1 一の位の計算で，繰り上がりや繰り下がりがあるかを考えます。繰り上がりや繰り下がりがあるときは，十の位の計算に注意します。

(1) □＋ 8 ＝ 9 の□にあてはまる数は 1 です。また，□＋ 8 ＝ 19 の□にあてはまる数は 0 ～ 9 にはありません。したがって，繰り上がりはないとわかります。十の位は，2 ＋ 4 ＝ 6 になります。

(2) 4 ＋□＝ 1 の□にあてはまる数は 0 ～ 9 にないので，繰り上がりがあります。よって，4 ＋□＝ 11 の□にあてはまる数を考えます。

(4) □＋ 8 ＝ 7 の□にあてはまる数は 0 ～ 9 にないので，繰り上がりがあります。よって，

□＋ 8 ＝ 17 の□にあてはまる数を考えます。十の位は繰り上がった 1 も含めて，1 ＋ 5 ＋□＝ 8 の□にあてはまる数を考えます。

(6) □－ 2 ＝ 6 の□にあてはまる数は 8 なので，繰り下がりはありません。

(7) □－ 4 ＝ 7 の□にあてはまる数は 0 ～ 9 にないので，繰り下がりがあります。よって，1 □－ 4 ＝ 7 となる□を考えます。

(9) 0 －□＝ 3 の□にあてはまる数は 0 ～ 9 にないので，繰り下がりがあります。よって，10 －□＝ 3 の□にあてはまる数を考えます。十の位は 1 繰り下がるので，□－ 1 － 2 ＝ 2 の□にあてはまる数を考えます。

5 白いカードの枚数を求めてから，青いカードの枚数を求めます。

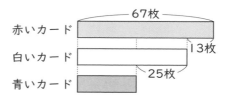

白いカードは，赤いカードより 13 枚少ないので，67 － 13 ＝ 54（枚）です。また，青いカードは，白いカードより 25 枚少ないので，54 － 25 ＝ 29（枚）です。

6 (1)

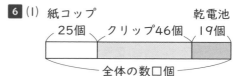

紙コップ 25 個とクリップ 46 個を合わせて，25 ＋ 46 ＝ 71（個）になります。さらに，乾電池 19 個を合わせて，71 ＋ 19 ＝ 90（個）

3 つの数のたし算は「たし算・ひき算のひっ算③」で学習します。ここでは，1 つ 1 つ計算して求められることを理解しておきましょう。

(2) できるだけ多くの動く人形を作るとき，動く人形は，いちばん少ない乾電池 19 個と同じ数だけできます。あまったクリップの数は，クリップの数 46 個から，乾電池の数 19 個をひいて求められます。46 － 19 ＝ 27（個）

★　標準レベル　　　問題8ページ

1 (1) 81 (2) 51 (3) 74 (4) 58
$\underline{+65}$ $\underline{+76}$ $\underline{+64}$ $\underline{+81}$
146 127 138 139

(5) 142 (6) 163 (7) 106 (8) 158
$\underline{-\ \ 61}$ $\underline{-\ \ 90}$ $\underline{-\ \ 35}$ $\underline{-\ \ 94}$
81 73 71 64

2 (1) 119 (2) 155 (3) 109
(4) 93 (5) 81 (6) 71

3 （しき）$62 + 73 = 135$
（答え）135 人

4 （しき）$96 + 61 = 157$
（答え）157 こ

5 （しき）$56 + 52 = 108$
（答え）108 円

6 （しき）$127 - 45 = 82$
（答え）82 まい

7 （しき）$118 - 52 = 66$
（答え）66 ぴき

8 （しき）$156 - 93 = 63$
（答え）えいたさんが　63 こ　多い。

解説

1 (1)〜(4) 十の位が繰り上がり，答えが3桁になります。

(1) 　81　一の位…$1 + 5 = 6$
　$\underline{+65}$　十の位…$8 + 6 = 14$
　146　十の位に4を書き，百の位に1繰り上げるので，百の位に1を書きます。

(5)〜(8) 十の位の計算をするとき，百の位から1繰り下げます。

(5) 　142　一の位…$2 - 1 = 1$
　$\underline{-\ \ 61}$　十の位…百の位から1繰り下げ
　$\ \ \ 81$　ます。$14 - 6 = 8$
　　　　十の位に8を書きます。

2 位を縦にそろえて書くように注意します。特にひき算では，3桁の数から2桁の数をひくので，百の位，十の位，一の位がそろうように書けているか確認しましょう。

(1) 　72 (2) 　93 (3) 　53
　$\underline{+47}$ 　$\underline{+62}$ 　$\underline{+56}$
　119 　155 　109

(4) 　$\cancel{1}14$ (5) 　$\cancel{1}69$ (6) 　$\cancel{1}45$
　$\underline{-\ \ 21}$ 　$\underline{-\ \ 88}$ 　$\underline{-\ \ 74}$
　$\ \ \ 93$ 　$\ \ \ 81$ 　$\ \ \ 71$

5 玉ねぎはにんじんより52円高いことから，にんじんの値段に52円をたすと，玉ねぎの値段を求めることができます。$56 + 52 = 108$（円）

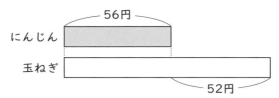

7 ねこと犬を合わせた数から，犬の数をひくと，ねこの数を求めることができます。
$118 - 52 = 66$（匹）

8 どちらがいくつ多いかを求めるときは，ひき算を使います。多い方のえいたさんの数から，かえでさんの数をひきます。
$156 - 93 = 63$（個）

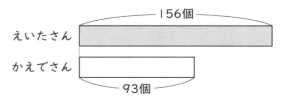

1
(1)
```
   9 5
 + 6 7
 ─────
 1 6 2
```
(2)
```
   4 9
 + 5 9
 ─────
 1 0 8
```
(3)
```
   6 3
 + 4 8
 ─────
 1 1 1
```
(4)
```
   4 6
 + 7 4
 ─────
 1 2 0
```

(5)
```
 1 5 2
 −  7 5
 ─────
    7 7
```
(6)
```
 1 8 5
 −  9 7
 ─────
    8 8
```
(7)
```
 1 4 3
 −  4 9
 ─────
    9 4
```
(8)
```
 1 0 0
 −  2 3
 ─────
    7 7
```

2
(1) 142 (2) 122 (3) 131 (4) 100
(5) 54 (6) 87 (7) 56 (8) 86 (9) 58

3 （しき）49 + 67 = 116
（答え）116羽

4 （しき）89 + 28 = 117
（答え）117さつ

5 （しき）98 + 38 = 136
（答え）136円

6 （しき）161 − 92 = 69
（答え）69本

7 （しき）100 − 87 = 13
（答え）13点

8 （しき）164 − 69 = 95
（答え）赤いビーズが　95こ　少ない。

解説

1 (1)〜(4) 一の位で繰り上がり，十の位でも繰り
上がります。繰り上がった1のたし忘れに注
意します。
(1)
```
   9 5
 + 6 7
 ─────
 1 6 2
```
一の位…5 + 7 = 12
→十の位に1繰り上げます。
十の位…繰り上げた1と9で10
10 + 6 = 16

十の位に6を書き，百の位に1繰り上げるの
で，百の位に1を書きます。

(5)〜(7) 一の位で繰り下がり，十の位でも繰り下
がります。繰り下げた1のひき忘れに注意し
ます。
(5)
```
 1 5 2
 −  7 5
 ─────
    7 7
```
一の位…十の位から1繰り下げ
ます。12 − 5 = 7
十の位…百の位から1繰り下げ
ます。14 − 7 = 7
十の位に7を書きます。

(8) 十の位から一の位に繰り下げられないときは，
先に百の位から十の位に繰り下げます。
```
 1 0 0
 −  2 3
 ─────
    7 7
```
一の位…百の位から十の位に1
繰り下げる。次に，十の位から一
の位に1繰り下げる。
10 − 3 = 7
十の位…1繰り下げたので9 9 − 2 = 7
十の位に7を書きます。

2
(1)
```
   6 4
 + 7 8
 ─────
 1 4 2
```
(2)
```
   5 7
 + 6 5
 ─────
 1 2 2
```
(3)
```
   7 2
 + 5 9
 ─────
 1 3 1
```

(4)
```
   8 7
 + 1 3
 ─────
 1 0 0
```
(5)
```
 1 1 3
 −  5 9
 ─────
    5 4
```
(6)
```
 1 2 6
 −  3 9
 ─────
    8 7
```

(7)
```
 1 3 1
 −  7 5
 ─────
    5 6
```
(8)
```
 1 2 0
 −  3 4
 ─────
    8 6
```
(9)
```
 1 0 0
 −  4 2
 ─────
    5 8
```

5 はじめに持っていた金額は，ガムの値段98
円と残り38円をたすと求められます。「38円残っ
た」という言葉から，ひき算をしないように注意
します。98 + 38 = 136（円）

はじめに持っていた金額□円

ガム　98円	残り38円

6 はじめにあった161本から，使う92本をひ
くと，残る本数が求められます。
161 − 92 = 69（本）

はじめにあった161本

使う92本	残る□本

7 100点満点なので，全体の100点から，点
数の87点をひくと，あと何点で100点になる
かを求めることができます。
100 − 87 = 13（点）

1 (1)　　 5 6
　　＋ 8 3
　　─────
　　 1 3 9

(2)　　 4 3
　　＋ 7 2
　　─────
　　 1 1 5

(3)　　 6 7
　　＋ 5 8
　　─────
　　 1 2 5

(4)　　 9 5
　　＋ 3 6
　　─────
　　 1 3 1

(5)　　 4 7
　　＋ 5 3
　　─────
　　 1 0 0

(6)　 1 2 6
　　 －　 5 3
　　─────
　　　 7 3

(7)　 1 6 1
　　 －　 9 1
　　─────
　　　 7 0

(8)　 1 2 4
　　 －　 3 9
　　─────
　　　 8 5

(9)　 1 4 0
　　 －　 7 9
　　─────
　　　 6 1

2 （しき）86 ＋ 37 ＝ 123
（答え）123 まい

3 （しき）164 － 75 ＝ 89
（答え）89 こ

4 (1)（しき）49 ＋ 84 ＝ 133
　　（答え）133 文字
(2)（しき）127 － 49 ＝ 78
　　（答え）78 文字

5 (1)（しき）87 ＋ 33 ＝ 120
　　（答え）120 円
(2)（しき）120 － 28 ＝ 92
　　　　　 92 ＋ 87 ＝ 179
　　（答え）179 円

解説

1 一の位，十の位，百の位の計算の順に，繰り上がりや繰り下がりがあるかを考えます。

(2) □＋7＝1の□にあてはまる数は 0 ～ 9 にないので，繰り上がりがあります。よって，□＋7＝11の□にあてはまる数を考えます。百の位に 1 繰り上がることも忘れないようにしましょう。

(3) 7＋□＝5の□にあてはまる数は 0 ～ 9 にないので，繰り上がりがあります。よって，7＋□＝15の□にあてはまる数を考えます。十の位は繰り上がった 1 も含めて，1＋6＋5＝□の□にあてはまる数を考えます。□は 10 を超えるので，百の位に繰り上がります。

(8) □－9＝5の□にあてはまる数は 0 ～ 9 に

ないので，繰り下がりがあります。よって，1□－9＝5となる□を考えます。十の位は 1 繰り下がるので，□－1－3＝8の□にあてはまる数を考えますが，このようになる□は 0 ～ 9 にないので，繰り下がりがあります。よって，1□－1－3＝8の□にあてはまる数を考えます。

2 兄はカードを弟の 86 枚より 37 枚多く持っているので，86 ＋ 37 ＝ 123（枚）です。

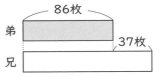

3 2 人がとったあさりは合わせて 164 個なので，ひき算で計算します。164 － 75 ＝ 89（個）

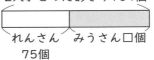

4 (1) 1 番目に少ないものは青い紙に書かれた 49 文字，2 番目に少ないものは赤い紙に書かれた 84 文字です。合計は，49 ＋ 84 ＝ 133（文字）です。

(2) 1 番多いものは白い紙に書かれた 127 文字で，1 番少ない 49 文字をひくと，127 － 49 ＝ 78（文字）です。

5 (1)「ゼリーはプリンより 33 円安く」から，プリンはゼリーより 33 円高いことがわかります。よって，プリンは 87 ＋ 33 ＝ 120（円）です。

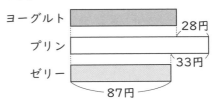

(2) まず，ヨーグルトの値段を求めます。ヨーグルトはプリンより 28 円安いので，120 － 28 ＝ 92（円）です。よって，ヨーグルトとゼリーを買うと，92 ＋ 87 ＝ 179（円）です。

★ 標準レベル　　問題 14ページ

1 (1) 　3 8　(2) 　5 7　(3) 　7 6　(4) 　5 8
　　　　 1 6　　　 3 1　　　 8 5　　　 6 9
　　　 ＋2 2　　 ＋1 5　　 ＋4 9　　 ＋8 7
　　　　 7 6　　 1 0 3　　 2 1 0　　 2 1 4

2 (1) 97　(2) 149　(3) 213　(4) 39
　　(5) 29　(6) 19　(7) 57　(8) 66
　　(9) 121

3 (しき) 37 ＋ 19 ＋ 26 ＝ 82
　　(答え) 82 本

4 (しき) 86 － 38 － 29 ＝ 19
　　(答え) 19 ページ

5 (しき) 71 ＋ 54 － 27 ＝ 98
　　(答え) 98 こ

6 (しき) 75 － 42 ＋ 36 ＝ 69
　　(答え) 69 人

7 (しき) 112 － 69 ＋ 55 ＝ 98
　　(答え) 98 円

解説

1 3 つの数のたし算も，2 つの数のたし算と同様に，一の位，十の位の順に計算します。繰り上がりの数に気を付けましょう。

(2) 　　1　　　　　　(3) 　　2
　　　 5 7　　　　　　　　 7 6
　　　 3 1　　　　　　　　 8 5
　　 ＋1 5　　　　　　　 ＋4 9
　　 1 0 3　　　　　　　 2 1 0

2 3 つの数の計算の中にひき算が混ざっているときは，左から順に 2 つずつ計算します。

(4) 91 － 37 ＝ 54　54 － 15 ＝ 39
(5) 76 － 28 ＝ 48　48 － 19 ＝ 29
(6) 36 ＋ 42 ＝ 78　78 － 59 ＝ 19
(7) 83 ＋ 69 ＝ 152　152 － 95 ＝ 57
(8) 76 － 57 ＝ 19　19 ＋ 47 ＝ 66
(9) 154 － 76 ＝ 78　78 ＋ 43 ＝ 121

3 ジュース，お茶，水が売れた本数をたして求めます。37 ＋ 19 ＋ 26 ＝ 82（本）のように，1 つの式で表すことができます。

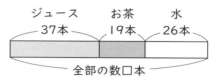

ジュース　　　　お茶　　　　水
37本　　　　　19本　　　　26本
全部の数□本

4 全部の 86 ページから，昨日と今日読んだページの数をひいて，残りの数を求めます。

86 － 38 － 29 ＝ 19（ページ）**2** のように，左から順に 2 つずつ計算します。

全部86ページ

昨日　　　　今日　　　　残り
38ページ　29ページ　□ページ

5 いつきさんは，おはじきを最初に 71 個持っていて，兄から 54 個もらったあと，妹に 27 個あげたので，1 つの式に書くと，

71 ＋ 54 － 27 ＝ 98（個）になります。

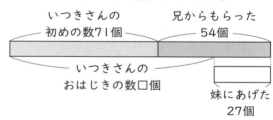

いつきさんの　　　　兄からもらった
初めの数71個　　　　54個
　　いつきさんの
　おはじきの数□個
　　　　　　　　　　　　妹にあげた
　　　　　　　　　　　　27個

6 電車に乗っていた 75 人から，電車から降りた 42 人をひいて，乗ってきた 36 人をたして求めます。1 つの式に書くと，

75 － 42 ＋ 36 ＝ 69（人）です。

7 ももかさんが最初に持っていた 112 円から，消しゴムの値段の 69 円をひいて，おこづかいでもらった 55 円をたして求めます。1 つの式に書くと，112 － 69 ＋ 55 ＝ 98（円）

1 (1) 107　(2) 180　(3) 169　(4) 16
　　(5) 29　(6) 48　(7) 46　(8) 47
　　(9) 107

2 (1) 106　(2) 165　(3) 197　(4) 157
　　(5) 122　(6) 206

3 ① 20　② 91　③ 65　④ 7　⑤ 78

4 （しき）37 + 29 + 43 = 109
　　　　　109 − (38 + 45) = 26
　　（答え）26本

5 （しき）115 − (23 + 48) = 44
　　　　　44 + (31 + 26) = 101
　　（答え）101まい

6 （しき）87 + 34 − 27 = 94
　　　　　95 − 12 + 48 = 131
　　　　　131 − 94 = 37
　　（答え）ななみさんが　37点　多かった。

解説

1 （ ）のある式では，（ ）の中をひとまとまりとみて，先に計算します。(1)〜(3)はすべてたし算の計算なので，（ ）の中を先に計算しなくても答えは変わりませんが，(4)〜(9)はひき算があるので，特に順番に注意します。

(1) 32 + (49 + 26) = 32 + 75 = 107
(4) 97 − (42 + 39) = 97 − 81 = 16
(5) 81 − (16 + 36) = 81 − 52 = 29
(6) 164 − (37 + 79) = 164 − 116 = 48
(7) 75 − (53 − 24) = 75 − 29 = 46
(8) 83 − (54 − 18) = 83 − 36 = 47
(9) 142 − (71 − 36) = 142 − 35 = 107

2 たし算では，たす順番を変えても答えは変わりません。このことを利用すると，たして何十になるたし算からすると，計算が簡単になります。

(1) (36 + 14) + 56 = 50 + 56 = 106
(2) 25 + (92 + 48) = 25 + 140 = 165
(3) 77 + (61 + 59) = 77 + 120 = 197
(4) (42 + 28) + 87 = 70 + 87 = 157
(5) (57 + 33) + 32 = 90 + 32 = 122
(6) (97 + 53) + 56 = 150 + 56 = 206

3 右上から左下のななめの3つのマスは数字がすべてうまっていることに注目します。3つの数をたすと，36 + 49 + 62 = 147 です。

①	②	36
③	49	33
62	④	⑤

3つの数をたすと，147になるので，残りの2つのマスの数がわかると，3つ目のマスの数を求めることができます。

③は，147 − (49 + 33) = 147 − 82 = 65
①は，147 − (65 + 62) = 147 − 127 = 20
②は，147 − (20 + 36) = 147 − 56 = 91
④は，147 − (91 + 49) = 147 − 140 = 7
⑤は，147 − (36 + 33) = 147 − 69 = 78

4 まず，赤い花と黄色い花，白い花の3色の花の数の合計を計算します。
37 + 29 + 43 = 109（本）
次に，つんだ数をひいて，残りの花の数を計算します。109 − (38 + 45) = 26（本）
すべてを1つの式にまとめる必要はありません。

5 まず，姉と弟に配ったあとのシールの数を計算します。115 − (23 + 48) = 44（枚）
次に，お父さんとお母さんからもらった数をたして，シールの残りの数を計算します。
44 + (31 + 26) = 101（枚）

6 まず，はやとさんの3回目の点数を計算します。87 + 34 − 27 = 94（点）次に，ななみさんの3回目の点数を計算します。
95 − 12 + 48 = 131（点）
最後に，2人の3回目の点数のちがいを計算します。3回目の点数は，ななみさんの方が高いので，ななみさんの点数からはやとさんの点数をひきます。
131 − 94 = 37（点）

1 (1) 57　(2) 94　(3) 49
　(4) 18　(5) 38　(6) 91

2 (1)　　４５　(2)　　②４　(3)　　　７２
　　　　　①９　　　　　５３　　　　　４⑦
　　　　＋２⑧　　　　＋１⑧　　　　＋②４
　　　　　９２　　　　　９５　　　　①４３

　(4)　　６⑧　(5)　　⑧１　(6)　　⑥２
　　　　　３９　　　　　９⑤　　　　　８５
　　　　＋⑨３　　　　＋７７　　　　＋⑨⑥
　　　　２００　　　　②５３　　　　②４３

3 ① 37　② 30　③ 29
　④ 32　⑤ 40　⑥ 34

4 （しき）(46 ＋ 46 ＋ 68) － 8 ＝ 152
　　　　　152 － (46 ＋ 68) － 13 ＝ 25
　（答え）25 円

5 （しき）57 ＋ 29 ＝ 86, 86 － 15 ＝ 71
　　　　　195 － 86 － 71 ＝ 38
　（答え）38 こ

6 （しき）(39 ＋ 96) ＋ 6 ＝ 141（2 年生）
　　　　　141 － (39 ＋ 18) ＝ 84
　　　　　137 － (84 － 29) ＝ 82
　（答え）82 人

【解説】

1 たし算とひき算の順序を変えても答えは変わ
ります。また,答えの数から１つずつ戻していっ
てもよいです。
(1) 121 ＋ □ ＝ 178　□ ＝ 178 － 121
(3) 92 ＋ □ ＝ 46 ＋ 95　92 ＋ □ ＝ 141
　　　　□ ＝ 141 － 92 ＝ 49
(5) 86 ＝ 29 ＋ 19 ＋ □　86 － 48 ＝ □

2 一の位, 十の位, 百の位の順に, 繰り上がり
があるかを考えます。

3 まず, 左の列の３つの数
は, ①, 24, 35 です。
左上から右下のななめの３
つの数は, ①, ④, 27 です。
このことから,
④ ＋ 27 ＝ 24 ＋ 35 とわかるので, ④ ＋ 27 ＝

①	②	③
24	④	⑤
35		27
⑥		

59 だから, ④は, 59 － 27 ＝ 32 とわかります。
次に, 真ん中の行の３つの数は, 24, 32（④）,
⑤です。右の列の３つの数は, ③, ⑤, 27 です。
このことから, ③＋ 27 ＝ 24 ＋ 32 とわかるの
で, ③＋ 27 ＝ 56 だから, ③は, 56 － 27 ＝
29 です。
３つの数をたすと, 35 ＋ 32 ＋ 29 ＝ 96 です。

4 みかん２個とりんご１個を買うときの代金と,
持っているお金について図をかきます。

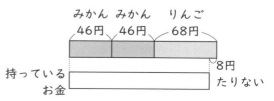

持っているお金は,（46 ＋ 46 ＋ 68）－ 8 ＝
152（円）とわかるので, 次に, みかん１個,
りんご１個, かご１個を買うときの代金との図
をかきます。

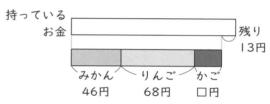

かごの値段は, 152 －（46 ＋ 68）－ 13 ＝ 25（円）

5 ぶどうのあめを 29 個あげると, 57 個になる
ので, ぶどうのあめは, 57 ＋ 29 ＝ 86（個）で
す。いちごのあめはぶどうのあめより 15 個少な
いので, 86 － 15 ＝ 71（個）です。レモンのあ
めの数は, 195 － 86 － 71 ＝ 38（個）です。

6 １年生の自転車に乗れる人と乗れない人をた
すと, １年生の人数がわかります。２年生の人数
は, １年生より６人多いので,
（39 ＋ 96）＋ 6 ＝ 141（人）です。２年生で自
転車に乗れる人は, １年生の 39 人より 18 人多
いことから, ２年生で自転車に乗れない人は,
141 －（39 ＋ 18）＝ 84（人）です。３年生は
137 人いて, 自転車に乗れない人は２年生より
29 人少ないので, ３年生で自転車に乗れる人は,
137 －（84 － 29）＝ 82（人）です。

1

(1)
```
  2 4
+ 5 3
─────
  7 7
```
(2)
```
  9 1
+ 4 6
─────
1 3 7
```
(3)
```
  7 3
+ 6 9
─────
1 4 2
```
(4)
```
  1 8
  4 7
+ 2 2
─────
  8 7
```

(5)
```
  4 9
- 1 2
─────
  3 7
```
(6)
```
  7 1
- 3 8
─────
  3 3
```
(7)
```
  8 3
- 2 4
─────
  5 9
```
(8)
```
  3 6
- 2 7
─────
    9
```

2 (1) 96 (2) 129 (3) 121 (4) 164

(5) 12 (6) 18 (7) 27 (8) 3

3 (しき) 45 + 59 = 104

(答え) 104 ひき

4 (しき) 17 + 34 = 51

(答え) 51 こ

5 (しき) 38 - 13 = 25

(答え) 25 才

6 (しき) 80 - 64 = 16

(答え) 16 ページ

7 (しき) 23 + 48 = 71

156 - 71 = 85

(答え) 85 こ

解説

1 繰り上がりのあるたし算は，繰り上げた 1 を，たし忘れないようにしましょう。

(3)
```
  7 3
+ 6 9
─────
1 4 2
```
一の位…3 + 9 = 12
→十の位に 1 繰り上げます。
十の位…繰り上げた 1 と 7 で 8
8 + 6 = 14

十の位に 4 を書き，百の位に 1 繰り上げるので，百の位に 1 を書きます。

繰り下がりのあるひき算は，繰り下げた 1 を，ひき忘れないようにしましょう。

(6)
```
  7 1
- 3 8
─────
  3 3
```
一の位…十の位から 1 繰り下げます。
11 - 8 = 3
十の位…1 繰り下げたので 6
6 - 3 = 3
10 が 3 個，1 が 3 個だから，答えは 33 になります。

2 位を縦にそろえて書くように注意します。

(1)
```
  2 4
+ 7 2
─────
  9 6
```
(2)
```
  8 8
+ 4 1
─────
1 2 9
```
(3)
```
  5 7
+ 6 4
─────
1 2 1
```
(4)
```
  6 8
+ 9 6
─────
1 6 4
```

(5)
```
  2 3
- 1 1
─────
  1 2
```
(6)
```
  5 6
- 3 8
─────
  1 8
```
(7)
```
  8 3
- 5 6
─────
  2 7
```
(8)
```
  4 2
- 3 9
─────
    3
```

3 全部の数を求めるので，たし算を使います。

45 + 59 = 104（匹）

4 みおさんが妹にあげた 17 個のぬいぐるみと，残った 34 個をたすと，はじめにみおさんが持っていたぬいぐるみの数が求められます。

17 + 34 = 51（個）

はじめに持っていたぬいぐるみ□個

妹にあげた 17個　残り 34個

5 ちがいを求めるので，ひき算を使います。

38 - 13 = 25（才）

6 今月と先月のちがいを求めます。

80 - 64 = 16（ページ）

7

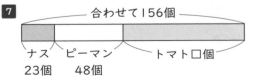

合わせて156個

ナス 23個　ピーマン 48個　トマト□個

ナスとピーマンの数は，23 + 48 = 71（個）です。ナスとピーマンとトマトが合わせて 156 個だから，ナスとピーマンの数をひいてトマトの数を求めます。156 - 71 = 85（個）

1 (1)　 56 (2)　 41 (3)　 79 (4)　 27
　　　 +31 　 +82 　 +57 　　 55
　　　 87 　　 123 　 136 　 +69
　　　　　　　　　　　　　　 151

　 (5)　 58 (6)　 81 (7)　 74 (8)　 60
　　　 -23 　 -42 　 -26 　 -18
　　　 35 　　 39 　　 48 　　 42

2 (1) 87 (2) 127 (3) 113 (4) 171
　 (5) 16 (6) 63 (7) 36 (8) 4

3 （しき）35 + 42 = 77
　　（答え）77 本

4 （しき）29 + 13 = 42
　　（答え）42 ひき

5 （しき）75 - 48 = 27
　　（答え）27 回

6 （しき）84 - 19 = 65
　　（答え）65 もん

7 （しき）28 + 25 + 9 = 62
　　　　 93 - 62 = 31
　　（答え）31 人

解 説

1 繰り上がりや繰り下がりに気を付けて計算します。

(3)　　 1　　　　(4)　　 2　　　　(6)　　 7
　　　 79 　　　　　 27 　　　　　 8 1
　　 +57 　　　　　 55 　　　　 -42
　　　 136 　　　 +69 　　　　　 39
　　　　　　　　　 151

(4) 3 つの数のたし算の筆算です。一の位をたすと 21 なので，十の位には 2 繰り上がります。

2 位を縦にそろえて書くように注意します。

(1)　 62 (2)　 36 (3)　 45 (4)　 94
　　 +25 　 +91 　 +68 　 +77
　　 87 　　 127 　 113 　 171
(5)　 48 (6)　 91 (7)　 75 (8)　 31
　　 -32 　 -28 　 -39 　 -27
　　 16 　　 63 　　 36 　　　 4

3 合わせた数を求めるので，たし算を使います。
35 + 42 = 77（本）

4 れいさんは，りつさんより 13 匹多く魚を釣ったので，29 + 13 = 42（匹）

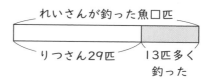

5 昨日と今日のちがいを求めます。
75 - 48 = 27（回）

6 全部の問題から，今日やった 19 問をひいて求めます。84 - 19 = 65（問）

7 2 年生 93 人から，ピアノだけを習っている人，水泳だけを習っている人，ピアノと水泳の両方を習っている人の数をひいて，ピアノも水泳も習っていない人の人数を求めます。

ピアノと水泳の一方または両方を習っている人の数は，28 + 25 + 9 = 62（人）だから，ピアノも水泳も習っていない人は，93 - 62 = 31（人）です。

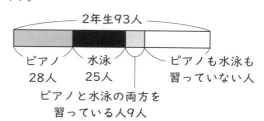

★ **標準レベル** 問題**24**ページ

1 (1) 500 (2) 740 (3) 817 (4) 653

2 (1) 五百四十 (2) 八百七

(3) 百二十四 (4) 二百九十五

3 (1) ① 5 ② 7 ③ 1

(2) ① 百 ② 十 ③ 一

(3) ① 1 ② 6 ③ 4

4 (1) 794 (2) 216 (3) 850

5 (1) > (2) < (3) < (4) >

6 (1) ① 399 ② 401

(2) ① 590 ② 620

(3) ① 700 ② 850

解 説

1 0がある位に注意して書きましょう。

(1)
百の位	十の位	一の位
5	0	0

(2)
百の位	十の位	一の位
7	4	0

2 漢数字で書くとき, 0がある位は省略します。

3 百が何個, 十が何個, 一が何個あるかで数を表すことができます。

5 数の大小は, >, <の記号を使って表します。大>小, 小<大と, 数が大きい方に開くように記号を書くことに注意します。

数の大小は, 大きな位の数から順に比べます。

(2) 百の位の数が同じなので, 十の位の数を比べます。

6 1目盛りの大きさがどれだけになっているかを考えます。

(1) 398の2目盛りあとが400なので, 1目盛りは1です。

(2) 1目盛りは10です。

(3) 1目盛りは50です。

★★ **上級レベル** 問題**26**ページ

1 (1) 9760 (2) 8052

(3) 1305 (4) 4002

2 (1) 二千八百 (2) 九千七百二十

(3) 四千七百六 (4) 五千三十四

3 (1) ① 3 ② 9 ③ 7 ④ 5

(2) ① 千 ② 百 ③ 十 ④ 一

(3) ① 1 ② 2 ③ 5 ④ 8

4 (1) 6052 (2) 3285 (3) 2103

5 (1) > (2) < (3) > (4) >

6 (1) ① 5400 ② 6000

(2) ① 4000 ② 5400 ③ 6600

(3) ① 7600 ② 7850 ③ 8250

解 説

1 0がある位に注意して書きましょう。

(1)
千の位	百の位	十の位	一の位
9	7	6	0

(4)
千の位	百の位	十の位	一の位
4	0	0	2

2 漢数字で書くとき, 0がある位は省略します。

3 千が何個, 百が何個, 十が何個, 一が何個あるかで数を表すことができます。

5 数の大小は, 大きな位の数から順に比べます。

(4) 千の位の数が同じなので, 百の位の数を比べます。

6 1目盛りの大きさがどれだけになっているかを考えます。

(1) 5600の次の目盛りが5800になっているので, 1目盛りは200です。

(2) 5目盛りが1000なので, 1目盛りは200です。

(3) 10目盛りが500なので, 1目盛りは50です。

1 (1) 72　(2) ① 100　② 10　(3) 5900
2 (1) 539, 548, 549, 550, 551
　　(2) 8147, 8174, 8417, 8471, 8741
3 (1) 6, 7, 8, 9　(2) 0, 1, 2
　　(3) 4, 5, 6, 7　(4) 1, 2, 3, 4
4 3470
5 7362
6 453, 463
7 500 円玉…2 まい，100 円玉…3 まい
　　50 円玉…1 まい，10 円玉…3 まい
8 3 まい

解説

1 (1) 7000 → 100 が 70 個，200 → 100 が 2
個あるので，70 + 2 = 72（個）です。

(2) 100 が 45 個→ 4500，10 が 21 個→ 210

(3) 6050 から 50 小さい数は 6000，さらに
100 小さい数は 5900 です。

2 数の大小は，大きな位の数から順に比べます。

(1) 百の位はどれも 5 なので，十の位を比べます。
十の位は 3，4，5 だから，最も小さい数は
539 です。さらに，十の位が同じ場合は，一
の位が小さいものから並べます。

(2) 千の位はどれも 8 なので，百の位を比べます。
百の位は 1，4，7 だから，8147 と 8174，
8471 と 8417 の十の位をそれぞれ比べます。

3 (1) 1539 は，1540 より小さいのであてはま
りません。

(2) 5938 は，5937 より大きいのであてはまり
ません。

(3) 6049 は，6047 より大きいのであてはまり
ます。6089 は，6089 と等しいのであては
まりません。

(4) 3157 は，3124 より大きいのであてはまり
ます。3457 は，3460 より小さいのであて
はまります。

4 千の位から順に考えます。3500 にいちばん
近くするには，千の位に同じ 3 のカードを使い
ます。

次に，百の位は，5 にいちばん近い 4 のカード
を使います。③ ④ ● ● と，3500 より小さい
数ができているので，十の位，一の位では，でき
るだけ大きな数にしたいので，3470 です。

5 千の位から順に考えます。7450 にいちばん
近くするには，千の位に同じ 7 のカードを使い
ます。

次に，百の位は，4 にいちばん近い 3 のカード
を使います。⑦ ③ ● ● と，7450 より小さい
数ができているので，十の位，一の位では，でき
るだけ大きな数にしたいので，7362 です。

6 410 より大きく，470 より小さい数を考えま
す。一の位は 3 なので，

413，423，433，443，453，463 です。また，
百の位の数が十の位の数より小さいので，十の位
の数は 4 より大きい 5 か 6 になります。よって，
453 と 463 です。

7 出すお金の枚数を少なくするので，大きい金
額の硬貨から考えます。

1000 円札が 2 枚→ 2000 円（残り 1380 円）

500 円玉が 2 枚→ 1000 円（残り 380 円）

100 円玉が 3 枚→ 300 円（残り 80 円）

50 円玉が 1 枚→ 50 円（残り 30 円）

10 円玉が 3 枚→ 30 円

8 5000 円札が 1 枚→ 5000 円

1000 円札が 2 枚→ 2000 円

100 円玉が 8 枚→ 800 円

50 円玉が 12 枚→ 600 円

10 円玉が 10 枚→ 100 円

合わせて 8500 円なので，10000 円にするには
1500 円必要です。

★ 標準レベル　問題30ページ

1
(1)
```
  1 5 4
+   3 8
-------
  1 9 2
```
(2)
```
  7 3 5
+   8 1
-------
  8 1 6
```
(3)
```
  5 7 9
+   4 2
-------
  6 2 1
```
(4)
```
  9 7 4
+   2 9
-------
1 0 0 3
```
(5)
```
  7 3 9
-   5 1
-------
  6 8 8
```
(6)
```
  4 6 3
-   3 9
-------
  4 2 4
```
(7)
```
  9 4 1
-   4 7
-------
  8 9 4
```
(8)
```
  3 8 2
-   9 6
-------
  2 8 6
```

2 (1) 872　(2) 231　(3) 600
　　(4) 487　(5) 845　(6) 288

3 (1) 630　(2) 520　(3) 200
　　(4) 430　(5) 280　(6) 530

4 （しき）71 + 186 = 257
　　（答え）257 こ

5 （しき）259 − 87 = 172
　　（答え）172 円

6 （しき）362 + 59 = 421
　　（答え）421 こ

(4)
```
  5 1 9
-   3 2
-------
  4 8 7
```
(5)
```
  9 3 2
-   8 7
-------
  8 4 5
```
(6)
```
  3 0 7
-   1 9
-------
  2 8 8
```

3 概数（およその数）を学習するのは4年生ですが，大きい数の筆算では，答えがいくつくらいになりそうか見積もっておくことで，計算ミスを防ぐことができます。

(1) 610 + 20 = 630

(2) 470 + 50 = 520

(3) 120 + 80 = 200

(4) 480 − 50 = 430

(5) 350 − 70 = 280

(6) 610 − 80 = 530

4 全部の数を求めるので，たし算を使います。

71 + 186 = 257（個）

5 残りを求めるので，ひき算を使います。

259 − 87 = 172（円）

6 ぶどう味のあめは，いちご味のあめ362個より59個多いので，362 + 59 = 421（個）です。

いちご味　362個

ぶどう味　59個

解説

1 3桁＋2桁，3桁−2桁になっても，筆算の方法は大きく変わりません。繰り上がり，繰り下がりに気を付けて計算しましょう。

(2)
```
  1
  7 3 5
+   8 1
-------
  8 1 6
```
(3)
```
  1 1
  5 7 9
+   4 2
-------
  6 2 1
```
(4)
```
1 1 1
  9 7 4
+   2 9
-------
1 0 0 3
```

(6)
```
    5
  4 6̸ 3
-   3 9
-------
  4 2 4
```
(7)
```
    8 3
  9̸ 4̸ 1
-   4 7
-------
  8 9 4
```
(8)
```
    2 7
  3̸ 8̸ 2
-   9 6
-------
  2 8 6
```

2 百の位，十の位，一の位をそれぞれ縦にそろえて書くように注意します。

(1)
```
  8 1 3
+   5 9
-------
  8 7 2
```
(2)
```
  1 9 3
+   3 8
-------
  2 3 1
```
(3)
```
  5 8 6
+   1 4
-------
  6 0 0
```

1
(1)　342
　　+612
　　954

(2)　551
　　+285
　　836

(3)　954
　　+368
　　1322

(4)　582
　　+419
　　1001

(5)　936
　　−135
　　801

(6)　721
　　−376
　　345

(7)　446
　　−149
　　297

(8)　603
　　−447
　　156

2
(1) 921　(2) 1312　(3) 1105
(4) 326　(5) 589　(6) 482

3
(1) 909　(2) 485　(3) 302

4　（しき）146 + 381 = 527
　　（答え）527 ページ

5　（しき）269 + 276 = 545
　　（答え）545 人

6　（しき）447 + 379 = 826
　　（答え）826 まい

7　（しき）991 − 362 = 629
　　（答え）629 円

8　（しき）370 − 243 = 127
　　（答え）127 こ

9　（しき）761 − 687 = 74
　　（答え）今日が　74 人　多い。

解 説

1 3桁どうしのたし算・ひき算も，2桁どうし
のたし算・ひき算と同じように計算します。

(3)　　1 1
　　　954
　　+368
　　1322

(6)　　6 1
　　　7̸2̸1
　　−376
　　345

(7)　　3 3
　　　4̸4̸6
　　−149
　　297

2 百の位，十の位，一の位をそれぞれ縦にそろ
えて書くように注意します。

(1)　219
　　+702
　　921

(2)　593
　　+719
　　1312

(3)　298
　　+807
　　1105

(4)　　792
　　−466
　　326

(5)　　832
　　−243
　　589

(6)　　601
　　−119
　　482

3 たして何十，ひいて何十になる計算からする
と，簡単になります。

(1) 519 +（125 + 265）= 519 + 390 = 909
(2) 786 − 496 + 195 = 290 + 195 = 485
(3) 357 + 163 − 218 = 520 − 218 = 302

4 全部の数を求めるので，たし算を使います。
146 + 381 = 527（ページ）

5 合わせた数を求めるので，たし算を使います。
269 + 276 = 545（人）

6 問題文を図にして考えます。

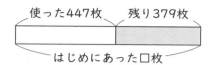

はじめにあった枚数は，使った 447 枚と残った
379 枚をたして求めることができます。
447 + 379 = 826（枚）

7 豚肉の値段は，代金 991 円から鶏肉の値段
362 円をひくと求められます。
991 − 362 = 629（円）

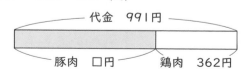

8 必要なトマトの数 370 個から今あるトマトの
数 243 個をひくと求められます。
370 − 243 = 127（個）

9 どちらがいくつ多いかを求めるときは，ひき
算を使います。多い方の今日の人数から，昨日の
人数をひきます。761 − 687 = 74（人）

1
(1)
```
  4 7 5
+   1[7]
  4[9]2
```
(2)
```
  3 3 [2]
+ 1 2 4
  [4]5 6
```
(3)
```
  4 5 8
+ 1 6 [8]
  6 2 6
```
(4)
```
  5 6 [9]
+ 8 [1] 2
1 3 8 1
```
(5)
```
  [6] 5 7
+ 3 9 [8]
1 0 5 5
```
(6)
```
  [3] 5 8
+ 6 4 2
1 0 0 0
```
(7)
```
  8 9 2
−   1 6
  8 7 6
```
(8)
```
  6 [2] 4
− [5] 1 1
  1 1 3
```
(9)
```
  [9] 5 3
−   5 8 [2]
  3 [7] 1
```
(10)
```
  7 1 [3]
− [2] 7 3
  4 [4] 0
```
(11)
```
  [8] 3 7
−   6 [4] 8
  1 8 [9]
```
(12)
```
  [5] 0 [5]
−   3 2 8
  1 [7] 7
```

2 ① 129　② 327　③ 218　④ 119
　　⑤ 307　⑥ 228

3 （しき）321 − 182 = 139
　　（答え）139 こ

4 （しき）325 − 48 = 277
　　　　　881 −（325 + 277）= 279
　　（答え）279 本

5 (1)（しき）315 − 87 = 228
　　　　　　228 + 175 = 403
　　　（答え）403 円
　　(2)（しき）960−（315+228+403）=14
　　　（答え）14 円

解説

1 一の位，十の位，百の位，千の位の順に，繰り上がりや繰り下がりがあるかを考えます。

(1) 5 + □ = 2 となる□は 0 ～ 9 にないので，繰り上がりがあります。よって，5 + □ = 12 となる□を考えます。

(7) 2 − □ = 6 となる□は 0 ～ 9 にはないので，繰り下がりがあります。よって，12 − □ = 6 となる□を考えます。

2 まず，右の列の 3 つの数は，317，109，⑥です。
左上から右下のななめの 3 つの数は，208，③，⑥です。
このことから，

208	①	317
②	③	109
④	⑤	⑥

317 + 109 = 208 +③とわかるので，
426 = 208 +③だから，③は，426 − 208 = 218 とわかります。

次に，真ん中の行の 3 つの数は，②，218（③），109 です。左の列の 3 つの数は，208，②，④です。
このことから，218 + 109 = 208 +④とわかるので，327 = 208 +④だから，④は，327 − 208 = 119 です。

3 つの数をたすと，317 + 218 + 119 = 654 です。

3 おはじきの数がいちばん多いのは，まおさんの 321 個で，いちばん少ないのは，れんさんの 182 個です。ちがいは，321 − 182 = 139（個）です。

4 弟が何本使ったかを求めてから残りを計算します。弟は，みづきさんが使った 325 本より 48 本少なく使ったので，弟の使った数は，
325 − 48 = 277（本）です。全部で 881 本あるから，みづきさんが使った数と弟が使った数をひいて，残りの数を求めます。
881 −（325 + 277）= 279（本）

みづきさん 325本　　弟 277本　　残った数 □本　　全体の数881本

5 (1) まず，牛乳の値段を求めます。牛乳は 315 円のチーズより 87 円安いので，315 − 87 = 228（円）です。魚は，牛乳より 175 円高いので，228 + 175 = 403（円）です。

(2) 持っている 960 円から，チーズ，牛乳，魚の値段をすべてひいて求めます。
960 −（315 + 228 + 403）= 14（円）

6 4けたの 数の たし算・ひき算

★ **標準レベル**　　　　問題**36**ページ

1

(1)
```
  3234
+   41
─────
  3275
```
(2)
```
  4174
+   32
─────
  4206
```
(3)
```
  2845
+   56
─────
  2901
```
(4)
```
  2939
+   67
─────
  3006
```
(5)
```
  6065
-   33
─────
  6032
```
(6)
```
  3559
-   87
─────
  3472
```
(7)
```
  5233
-   94
─────
  5139
```
(8)
```
  4015
-   69
─────
  3946
```

2 (1) 1648　(2) 2533　(3) 10003
(4) 2185　(5) 2429　(6) 7936

3 (しき) 1774 + 46 = 1820
(答え) 1820 まい

4 (しき) 2136 + 87 = 2223
(答え) 2223 人

5 (しき) 4985 + 86 = 5071
(答え) 5071 円

6 (しき) 5312 - 96 = 5216
(答え) 5216 こ

7 (しき) 1203 - 34 = 1169
(答え) 1169 人

8 (しき) 3000 - 72 = 2928
(答え) 2928 回

(4)
```
  2279
-   94
─────
  2185
```
(5)
```
  2512
-   83
─────
  2429
```
(6)
```
  8013
-   77
─────
  7936
```

3 じゅんさんが持っていたシールの数 1774 枚に，姉からもらったシールの数 46 枚をたして求めます。1774 + 46 = 1820（枚）
4桁と2桁の計算をするときは，位をそろえるように注意します。

4 劇場にいた 2136 人に，あとから来た 87 人をたして求めます。2136 + 87 = 2223（人）

5 貯金箱に入っていた 4985 円と財布に入っていた 86 円をたして求めます。
4985 + 86 = 5071（円）

6 5312 個のビーズから 96 個をひいて求めます。5312 - 96 = 5216（個）

7 テニスを習っていない小学生の人数は，町全体の 1203 人から習っている 34 人をひいて求めます。1203 - 34 = 1169（人）

8 目標の 3000 回から今日とんだ 72 回をひくと，あと何回とべばよいかわかります。
3000 - 72 = 2928（回）

解説

1 4桁のたし算・ひき算も，これまでのたし算・ひき算と同じように計算します。繰り上がり，繰り下がりに注意します。

(4)
```
   111
  2939
+   67
─────
  3006
```
(6)
```
    4
  3559
-   87
─────
  3472
```
(8)
```
  390
  4015
-   69
─────
  3946
```

2 千の位，百の位，十の位，一の位をそれぞれ縦にそろえて書くように注意します。

(1)
```
  1587
+   61
─────
  1648
```
(2)
```
  2436
+   97
─────
  2533
```
(3)
```
   9958
+    45
──────
  10003
```

1

(1)
```
  7607
+  759
  8366
```
(2)
```
  2894
+  527
  3421
```
(3)
```
  1946
+  758
  2704
```

(4)
```
  7335
+ 1791
  9126
```
(5)
```
  2527
+ 3776
  6303
```
(6)
```
  8613
+ 1398
 10011
```

(7)
```
  8874
-  991
  7883
```
(8)
```
  3462
-  167
  3295
```
(9)
```
  8012
-  369
  7643
```

(10)
```
  7627
- 5085
  2542
```
(11)
```
  5215
- 3398
  1817
```
(12)
```
  7044
- 4577
  2467
```

2
(1) 2210　(2) 16534　(3) 10020
(4) 5991　(5) 3571　(6) 668

3 （しき）2176 + 158 = 2334
（答え）2334 まい

4 （しき）2473 + 4584 = 7057
（答え）7057 円

5 （しき）3977 + 1583 = 5560
（答え）5560 こ

6 （しき）4026 - 753 = 3273
（答え）3273 こ

7 （しき）8920 - 3164 = 5756
（答え）5756 まい

8 （しき）4000 - 2160 = 1840
（答え）1840 円

2 千の位，百の位，十の位，一の位をそれぞれ縦にそろえて書くように注意します。

(1)
```
  1452
+  758
  2210
```
(2)
```
  8617
+ 7917
 16534
```
(3)
```
  8657
+ 1363
 10020
```

(4)
```
  6282
-  291
  5991
```
(5)
```
  9144
- 5573
  3571
```
(6)
```
  7060
- 6392
   668
```

3 最初にあったカードの数 2176 枚に，タンスから見つかったカードの数 158 枚をたして求めます。2176 + 158 = 2334（枚）
4 桁と 3 桁の計算をするときは，位をそろえるように注意します。

4 買い物をして使った金額 2473 円と財布に残った 4584 円をたして求めます。
2473 + 4584 = 7057（円）

5 配ったティッシュ 3977 個と残った 1583 個をたして求めます。3977 + 1583 = 5560（個）

6 はじめにあった 4026 個のクッキーから売れた 753 個のクッキーをひいて求めます。
4026 - 753 = 3273（個）

7 はじめにあった 8920 枚の折り紙から，使った 3164 枚をひいて求めます。
8920 - 3164 = 5756（枚）

8 去年と今年もらったおこづかいの合計 4000円から，今年もらったおこづかいの 2160 円をひいて求めます。4000 - 2160 = 1840（円）

解　説

1 4 桁を含むたし算・ひき算も，2 桁，3 桁のたし算・ひき算と同じように計算します。

(5)
```
   111
  2527
+ 3776
  6303
```
(7)
```
   77
  8874
-  991
  7883
```
(12)
```
    9
  6 10 3
  7 0 4 4
- 4577
  2467
```

1
(1)
$$
\begin{array}{r}
8\,3\,0\,\boxed{1} \\
+\quad 8\,\boxed{3}\,5 \\
\hline
\boxed{9}1\,3\,6
\end{array}
$$

(2)
$$
\begin{array}{r}
\boxed{5}\,3\,2\,2 \\
+\quad 1\,\boxed{8}\,9 \\
\hline
5\,\boxed{5}\,1\,1
\end{array}
$$

(3)
$$
\begin{array}{r}
9\,3\,0\,\boxed{7} \\
+\boxed{3}\,8\,6\,3 \\
\hline
1\,3\,\boxed{1}\,7\,0
\end{array}
$$

(4)
$$
\begin{array}{r}
9\,2\,8\,3 \\
+\boxed{8}\,2\,1\,\boxed{7} \\
\hline
1\,7\,\boxed{5}\,0\,0
\end{array}
$$

(5)
$$
\begin{array}{r}
6\,4\,\boxed{5}\,0 \\
-\quad 1\,7\,\boxed{9} \\
\hline
6\,\boxed{2}\,7\,1
\end{array}
$$

(6)
$$
\begin{array}{r}
1\,\boxed{3}\,0\,2 \\
-\quad 6\,8\,3 \\
\hline
6\,1\,\boxed{9}
\end{array}
$$

(7)
$$
\begin{array}{r}
8\,\boxed{1}\,8\,5 \\
-\,6\,2\,5\,\boxed{7} \\
\hline
\boxed{1}\,9\,2\,8
\end{array}
$$

(8)
$$
\begin{array}{r}
3\,5\,\boxed{5}\,3 \\
-\boxed{2}\,8\,6\,\boxed{5} \\
\hline
6\,8\,8
\end{array}
$$

(9)
$$
\begin{array}{r}
7\,\boxed{4}\,\boxed{0}\,\boxed{2} \\
-\,5\,7\,8\,5 \\
\hline
\boxed{1}\,6\,1\,7
\end{array}
$$

2 728

3 ① 710　② 207　③ 352　④ 65
　　⑤ 639　⑥ 136

4 (1) (しき) 1177＋1725－1938＋3752
　　　　　　＝4716
　　　(答え) 4716 円
　　(2) (しき) (1177＋4716)＋407＝6300
　　　　　(答え) 6300 円

5 (しき) 9627－(7539＋876)＝1212　(南)
　　　　　1212＋2047＝3259　(東)
　　　　　7539－3259＝4280　(西)
　　　　　4280－3259＝1021
　　　(答え) 西えきを　つかった　人が
　　　　　　1021 人　多い。

〔解説〕

1 一の位，十の位，百の位，千の位の順に，繰り上がりや繰り下がりがあるかを考えます。

2 Y＝2のとき，N＋E＝0，
つまりN＝0となり，適しません。
よって，Y＝1です。

$$
\begin{array}{r}
N\,E\,W \\
+\,Y\,E\,A\,R \\
\hline
2\,0\,2\,1
\end{array}
$$

繰り上がりに気を付けると，
W＋R＝11，E＋A＝11，
N＋E＝9がわかります。
(W＋R＝1のとき，WまたはRがYと同じ数字になるので適さず，一の位は繰り上がります。同様に，E＋A＝1も適しません。)
・Nをできるだけ大きな数にしたいので，N＝9のときを考えます。
E＝9－N　E＝9－9　E＝0
A＝11－E　A＝11－0　A＝11
Aが1桁の数字ではないので適しません。
・N＝8のとき
E＝9－8　E＝1
EがYと同じ数字になるので適しません。
・N＝7のとき
E＝9－7　E＝2
A＝11－2　A＝9
W＋R＝11となり，Wができるだけ大きな数となるWとRを0，3，4，5，6，8から決めると，
W＝8，R＝3です。

―― 中学入試に役立つ **アドバイス** ――

最も大きい数 (987) からすべて試していくと，とても時間がかかります。ある程度見当をつけながら取り組みましょう。

3 まず，中央の行と左の列を考えます。
423＋781＝①＋494→①＝710
次に，下の行と右下がりのななめを考えます。
494＋⑤＝710＋423→⑤＝639
さらに，下の行と右の列を考えます。
494＋639＝③＋781→③＝352
3つの数の和は1269です。

4 (2)買ったのはライトと机だけなことに注意しましょう。すべて買ったわけではありません。

5 下の図から，南駅を使った人数がわかります。

1 (1) ① 4　② 1　③ 2　④ 7
　　(2) ① 1　② 2　③ 9　④ 3
　　(3) 7045

2 (1)
```
   4 3 5
 +   5 1
 ─────────
   4 8 6
```
(2)
```
   8 1 5
 +   9 7
 ─────────
   9 1 2
```
(3)
```
   5 3 7
 + 4 4 9
 ─────────
   9 8 6
```
(4)
```
   3 5 8
 + 4 8 2
 ─────────
   8 4 0
```
(5)
```
   4 5 7 2
 +     6 9
 ─────────
   4 6 4 1
```
(6)
```
   3 0 5 9
 +   6 5 5
 ─────────
   3 7 1 4
```
(7)
```
   5 9 8
 -   4 2
 ─────────
   5 5 6
```
(8)
```
   9 5 3
 -   9 4
 ─────────
   8 5 9
```
(9)
```
   5 5 7
 - 1 9 2
 ─────────
   3 6 5
```
(10)
```
   3 1 6
 - 1 8 9
 ─────────
   1 2 7
```
(11)
```
   9 5 6 5
 -   1 7 4
 ─────────
   9 3 9 1
```
(12)
```
   5 3 6 3
 - 2 1 8 8
 ─────────
   3 1 7 5
```

3 （しき）283 + 243 = 526
　　（答え）526 本

4 （しき）198 + 387 = 585
　　（答え）585 ページ

5 （しき）177 − 82 = 95
　　（答え）95 日

6 （しき）3357 − 879 = 2478
　　（答え）2478 こ

7 （しき）3980 − 1998 = 1982
　　（答え）セーターが　1982 円　高い。

解　説

1 千が何個，百が何個，十が何個，一が何個あるかで数を表すことができます。

(3) ０がある位に注意して書きます。

千の位	百の位	十の位	一の位
7	0	4	5

2 繰り上がりや繰り下がりに気を付けて計算します。筆算をするときは，位を縦にそろえて書くように注意します。

(2)
```
   1 1
   8 1 5
 +   9 7
 ─────────
   9 1 2
```
(5)
```
   1 1
   4 5 7 2
 +     6 9
 ─────────
   4 6 4 1
```
(6)
```
   1 1
   3 0 5 9
 +   6 5 5
 ─────────
   3 7 1 4
```
(9)
```
     4
   5 5 7
 - 1 9 2
 ─────────
   3 6 5
```
(10)
```
   2 0
   3 1 6
 - 1 8 9
 ─────────
   1 2 7
```
(12)
```
   2 5
   5 3 6 3
 - 2 1 8 8
 ─────────
   3 1 7 5
```

3 合わせた数を求めるので，たし算を使います。
283 + 243 = 526（本）

4 合わせた数を求めるので，たし算を使います。
198 + 387 = 585（ページ）

5 ちがいを求めるので，ひき算を使います。
177 − 82 = 95（日）

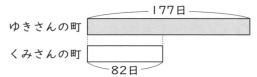

6 はじめのクリップの数から，使ったクリップの数をひいて，残りの数を求めます。
3357 − 879 = 2478（個）

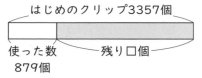

7 どちらが何円高いかを求めるので，ひき算を使います。高いほうのセーターの値段からマフラーの値段をひきます。3980 − 1998 = 1982（円）

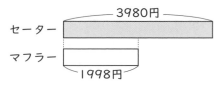

1 (1) ①2 ②1 ③4 ④7
(2) ①5 ②8 ③0 ④3
(3) 8206

2 (1) $453 + 36 = 489$ (2) $479 + 47 = 526$ (3) $825 + 391 = 1216$
(4) $829 + 474 = 1303$ (5) $2766 + 46 = 2812$ (6) $4637 + 869 = 5506$
(7) $965 - 15 = 950$ (8) $696 - 49 = 647$ (9) $954 - 266 = 688$
(10) $432 - 176 = 256$ (11) $8115 - 617 = 7498$ (12) $4503 - 1385 = 3118$

3 （しき）$499 + 538 = 1037$
（答え）1037こ

4 （しき）$646 + 391 = 1037$
（答え）1037まい

5 （しき）$419 - 265 = 154$
（答え）154本

6 （しき）$541 - 135 = 406$
（答え）406こ

7 （しき）$1804 - 848 = 956$
（答え）956人

解説

1 千が何個, 百が何個, 十が何個, 一が何個あるかで数を表すことができます。

(3) 0がある位に注意して書きます。

千の位	百の位	十の位	一の位
8	2	0	6

2 繰り上がりや繰り下がりに気を付けて計算します。筆算をするときは，位を縦にそろえて書くように注意します。

(4)
$$829 + 474 = 1303$$
(5)
$$2766 + 46 = 2812$$
(6)
$$4637 + 869 = 5506$$

(9)
$$954 - 266 = 688$$
(11)
$$8115 - 617 = 7498$$
(12)
$$4503 - 1385 = 3118$$

3 合わせた数を求めるので，たし算を使います。
$$499 + 538 = 1037 \text{（個）}$$

4 はじめの枚数は，使った枚数と残りの枚数をたして求めます。$646 + 391 = 1037$（枚）

はじめの枚数 □枚
使った枚数 646枚
残り391枚

5 どちらがいくつ多いかを求めるので，ひき算を使います。多いほうの赤いリボンの数から青いリボンの数をひきます。
$$419 - 265 = 154 \text{（本）}$$

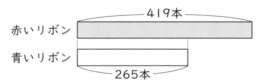

赤いリボン 419本
青いリボン 265本

6 今，持っているビー玉の数から兄からもらったビー玉の数をひいて求めます。
$$541 - 135 = 406 \text{（個）}$$

兄からもらった 135個
はじめに持っていた数□個
541個

7 土曜日と日曜日の利用者数から，土曜日の利用者数をひいて求めます。
$$1804 - 848 = 956 \text{（人）}$$

1 (1) 0 (2) 7 (3) 1 (4) 547

2 (1) 1061 (2) 123 − 98 (3) 4つ

解 説

1 (1) 表から，A，D，Gの数字を筆算にあてはめて考えます。

ABC＋DEの筆算に注目します。

```
  A B C        4 B C
+   D E   ➡  +   3 E
─────────    ─────────
  A G E        4 8 E
```

一の位に注目すると，C＋E＝Eより，C＝0とわかります。

(2) ABC−DEの筆算に注目します。

```
  A B C        4 B 0
−   D E   ➡  −   3 E
─────────    ─────────
  A F D        4 F 3
```

一の位に注目すると，十の位から1繰り下げるので，10−E＝3より，E＝7とわかります。

(3) IJ＋GHの筆算に注目します。

```
  I J          I J
+ G H     ➡  + 8 H
─────────    ─────────
  F E G        F 7 8
```

十の位に注目すると，百の位に1繰り上げるので，F＝1とわかります。

(4) ほかのアルファベットにあてはまる数字が何かを考えていきます。

再度，ABC＋DEの筆算に注目します。

```
  4 B 0     十の位に注目すると，
+   3 7     B＋3＝8より，B＝5とわか
─────────   ります。
  4 8 7
```

よって，H，I，Jには，残りの2，6，9のいずれかの数字があてはまります。

IJ−GHの筆算に注目します。

```
  I J     2桁の数から，80＋Hの数をひい
− 8 H     て，1桁の数になっているので，
─────────  I＝9とわかります。
    H
```

H，Jには，残りの2，6のどちらかの数字があてはまります。10＋J−H＝Hだから，

J＝2，H＝6とわかります。

A〜Jにあてはめた数字は，下の表のようになります。

A	B	C	D	E
4	5	0	3	7
F	G	H	I	J
1	8	6	9	2

```
  B E H          5 7 6
−   J I    ➡  −   2 9
─────────     ─────────
                 5 4 7
```

2 (1) 答えが最も大きくなるのは，3桁の数の百の位が9で，2桁の数の十の位が8または7，3桁，2桁の数の一の位が6または5になるようなたし算です。975＋86など，ほかの式でもかまいません。

```
    9 8 6
+     7 5
─────────
  1 0 6 1
```

(2) 答えが最も小さくなるのは，最も小さい3桁の数から，最も大きい2桁の数をひいたときです。123−98＝25となります。

(3) 3桁の数から2桁の数をひいて，答えが32になる場合を考えます。最も小さい3桁の数は123だから，123−91＝32ですが，9枚のカードでは，123−91の式は，1のカードが足りないので作れません。このようにして，答えが32になる式が作れるかどうか，一つずつ考えていきます。

123 − 91 ＝ 32…×
124 − 92 ＝ 32…×
125 − 93 ＝ 32…○
126 − 94 ＝ 32…○
127 − 95 ＝ 32…○
128 − 96 ＝ 32…○
129 − 97 ＝ 32…×
130 − 98 ＝ 32…×
131 − 99 ＝ 32…×
132 − 100 ＝ 32…×

132より大きい数になると，2桁の数でひいても答えが32より大きくなります。よって，答えが32になる計算の式は4つ作ることができます。

7　かけ算①

★ 標準レベル　　問題 **48**ページ

1 (1) ① 4　② 12　③ 3　④ 4　⑤ 12
　　(2) ① 3　② 15　③ 5　④ 3　⑤ 15

2 (1) ① 4　② 20　(2) ① 2　② 16
　　(3) ① 9　② 27　(4) 4　(5) 4

3 (1) 3　(2) 5　(3) ① 4　② 4
　　(4) 5

4 (1) 15　(2) 45　(3) 25
　　(4) 6　(5) 12　(6) 16
　　(7) 6　(8) 18　(9) 21
　　(10) 36　(11) 28　(12) 20

5 （しき）$2 \times 7 = 14$　　（答え）14 本

6 （しき）$3 \times 8 = 24$　　（答え）24 こ

解説

1 (1) （1 つ分の数）×（いくつ分）＝（全部の数）
の式をつくります。かける数とかけられる数
を入れ替えても答えは変わりませんが，1 つ
分の数，いくつ分を意識して式を立てること
で，4 章のわり算の計算が理解しやすくなり
ます。

3 (1) $3 \times 5 = 3 + 3 + 3 + 3 + 3 = 15$
　　$3 \times 6 = 3 + 3 + 3 + 3 + 3 + 3 = 18$
3 の段の九九は，答えが 3 ずつ増えます。3
の段では，かける数が 1 増えると，答えが 3
増えることや，他の段についても同じことが
言えることも確認します。

(3) かけ算は，たし算の式と合わせて理解するよ
うにします。
　4×3 は，4 の 3 つ分なので，$4 + 4 + 4$ の
式で表すこともできます。

(4) $3 + 3 + 3 + 3 + 3$ は，3 の 5 つ分なので，
3×5 の答えと同じになります。

5 （1 つ分の数）×（いくつ分）＝（全部の数）
の式をつくります。1 つ分の数は 2 本，いくつ
分は 7 人であることを確認します。

★★ 上級レベル　　問題 **50**ページ

1 (1) ① 5　② 5　(2) 4　(3) 6
　　(4) 7　(5) ① 4　② 8
　　(6) ① 3　② 3　③ 3　④ 3　⑤ 3
　　　　⑥ 15

2 (1) 8　(2) 7　(3) 5　(4) 4
　　(5) 7　(6) 9　(7) 3　(8) 6
　　(9) 2　(10) 8

3 （しき）$6 + 1 = 7$，$3 \times 7 = 21$
　　（答え）21 こ

4 （しき）$4 \times 8 = 32$，$35 - 32 = 3$
　　（答え）3 まい

5 （しき）$2 \times 9 = 18$，$18 + 6 = 24$
　　（答え）24 こ

6 （しき）$5 \times 3 = 15$，$2 \times 7 = 14$
　　　　　　$15 + 14 = 29$
　　（答え）29 こ

解説

1 (3) $4 \times 5 = 20$　4 の段では，かける数が 1
増えると，答えが 4 増えます。

2 九九を言いながら，□にあてはまる数を考え
ます。□にあてはまる数がなかなか出てこない場
合は，九九がしっかり覚えられていないかもしれ
ません。よく復習するようにします。

3 ボールが入った箱の数…$6 + 1 = 7$（箱）
7 箱に入ったボールの数…$3 \times 7 = 21$（個）
（別解）
6 箱に入ったボールの数は，全部で，$3 \times 6 = $
18（個）　ここに，3 個のボールが入った箱が 1
箱加わるので，ボールの数は全部で，
$18 + 3 = 21$（個）

5 箱に入れたケーキの数…$2 \times 9 = 18$（個）
はじめにあったケーキの数…$18 + 6 = 24$（個）

6 3 人の子どもに配ったチョコレートの数
…$5 \times 3 = 15$（個）
7 人の子どもに配ったチョコレートの数
…$2 \times 7 = 14$（個）
配ったチョコレートの数を合わせると，
$15 + 14 = 29$（個）

1 (1) （しき）$2 \times 5 = 10$
　　　（答え）10こ
　　(2) （しき）$3 \times 5 = 15$
　　　（答え）15こ

2 (1) ① 15　② 30　(2) ① 12　② 24
　　(3) ① 10　② 6
　　(4) ① 24　② 21　③ 12

3 （しき）$4 \times 9 = 36$, $36 + 19 = 55$
　　（答え）55こ

4 （しき）$4 \times 7 = 28$, $28 - 8 - 5 = 15$
　　（答え）15こ

5 （しき）$3 \times 6 = 18$, $5 \times 6 = 30$
　　　　　$18 + 30 = 48$, $52 - 48 = 4$
　　（答え）4まい

6 （しき）$4 \times 4 = 16$, $3 \times 8 = 24$
　　　　　$16 + 24 = 40$, $5 \times 9 = 45$
　　　　　$45 - 40 = 5$
　　（答え）5まい

7 （しき）$10 - 3 - 5 = 2$, $5 \times 3 = 15$
　　　　　$4 \times 2 = 8$, $2 \times 5 = 10$
　　　　　$15 + 8 + 10 = 33$
　　（答え）33点

解説

2 (1) [5, 10,] □, [20, 25,] □, 35
左右の数の大きさのちがいを求めます。
□ の部分をもとにすると，右の数は，左の数よりも 5 大きくなっています。

(2) 8, □, [16, 20,] □, [28, 32]
左右の数の大きさのちがいを求めます。
□ の部分をもとにすると，右の数は，左の数よりも 4 大きくなっています。

(4) 27, □, □, [18, 15,] □, 9
□ の部分をもとにすると，右の数は，左の数よりも 3 小さくなっています。27 から順に 3 ずつ小さくなる数を□にあてはめます。

― 中学入試に役立つ **アドバイス** ―

規則性を見つけたいときは，同じルールで数が変化している部分が，2 か所以上あるかを考えます。同じルールで数が変化している部分をいくつか見つけたら，それを問題にあてはめてみましょう。

4 箱に入ったドーナツの数から，食べた数とあげた数をひいて求めます。
箱に入っていたドーナツの数…$4 \times 7 = 28$（個）
食べた後に残った数…$28 - 8 = 20$（個）
あげた後に残った数…$20 - 5 = 15$（個）
（別解）
$4 \times 7 = 28$（個）　食べたりあげたりした数は合わせて $8 + 5 = 13$（個）
よって，$28 - 13 = 15$（個）

5 3 枚ずつ配った枚数と，5 枚ずつ配った枚数を合わせた数を求め，52 枚からひきます。
3 枚ずつ配った枚数…$3 \times 6 = 18$（枚）
5 枚ずつ配った枚数…$5 \times 6 = 30$（枚）
$18 + 30 = 48$（枚）
残った枚数…$52 - 48 = 4$（枚）
（別解）
$3 \times 6 = 18$, $5 \times 6 = 30$
$52 - 18 - 30 = 4$（枚）

7 10 回じゃんけんをして 3 回勝ち，5 回負けたので，あいこだった回数は，$10 - 3 - 5 = 2$（回）です。
勝ちでもらえる得点…$5 \times 3 = 15$（点）
あいこでもらえる得点…$4 \times 2 = 8$（点）
負けでもらえる得点…$2 \times 5 = 10$（点）
これらの点をすべてたします。
$15 + 8 + 10 = 33$（点）

― 中学入試に役立つ **アドバイス** ―

かけ算，たし算，ひき算のうち，どれを使って式をたてるかに，注意しましょう。

★ 標準レベル　問題 54 ページ

1　(1) 12　(2) 54　(3) 24
　　　(4) 35　(5) 49　(6) 21
　　　(7) 24　(8) 32　(9) 56
　　　(10) 45　(11) 72　(12) 27
　　　(13) 4　(14) 6　(15) 9

2　(1) ① 1　② 2　③ 2
　　　(2) ① 6　② 5　③ 30
　　　(3) 3　(4) 2

3　(1) ① 8　② 8　③ 8　④ 32
　　　(2) ① 6　② 6　③ 36　(3) 7
　　　(4) 9　(5) 1

4　（しき）8 × 4 = 32　（答え）32 まい

5　（しき）6 × 3 = 18　（答え）18 こ

6　（しき）8 × 5 = 40　（答え）40 だい

解説

3　(1) 8 × 4 は 8 の 4 倍で，8 を 4 回たすのと同じ答えになります。

(2) 6 + 6 + 6 + 6 + 6 + 6 は，6 を 6 回たしています。これは，6 の 6 つ分なので，6 の 6 倍の答えと同じになります。6 × 6 = 36

(3) 7 × 7 = 7 + 7 + 7 + 7 + 7 + 7 + 7 = 49

　7 × 8 = 7 + 7 + 7 + 7 + 7 + 7 + 7 + 7 = 56

　7 の段の九九は，答えが 7 ずつ増えます。7 の段では，かける数が 1 増えると，答えが 7 増えることや，他の段についても同じことが言えることも確認します。

4　（1 つ分の数）×（いくつ分）=（全部の数）の式をつくります。1 つ分の数は 8，いくつ分は 4 人であることを確認します。

5　6 の 3 つ分なので，6 × 3 = 18 の式で求めます。

★★ 上級レベル　問題 56 ページ

1　(1) ① 7　② 7　(2) 5　(3) 7
　　　(4) 2　(5) ① 7　② 4　③ 28
　　　(6) ① 6　② 6　③ 6　④ 6　⑤ 24

2　(1) 7　(2) 4　(3) 2　(4) 4
　　　(5) 8　(6) 3　(7) 8　(8) 9
　　　(9) 6　(10) 7

3　（しき）6 × 5 = 30，30 − 2 = 28
　　　（答え）28 こ

4　（しき）7 × 8 = 56，56 + 3 = 59
　　　（答え）59 こ

5　（しき）6 × 5 = 30，8 × 4 = 32
　　　　　　30 + 32 = 62
　　　（答え）62 人

6　（しき）7 × 2 = 14，3 × 4 = 12
　　　　　　14 − 12 = 2
　　　（答え）あおいさんが，2 しゅう　多い。

解説

1　(3) 7 × 6 = 42　7 の段では，かける数が 1 増えると，答えが 7 増えます。

2　6，7，8，9，1 の九九が言えるか確認しましょう。九九が言えずにつまる段があったり，間違いが多い段があったりする場合は，よく復習して覚えるようにしましょう。

3　6 個ずつボールが入った 5 箱全部のボールの数を求めた後，あげた数 2 個をひいて求めます。

5　それぞれの組の人数を求め，それらをたして答えを求めます。

1 組の人数…6 × 5 = 30（人）

2 組の人数…8 × 4 = 32（人）

合わせた人数…30 + 32 = 62（人）

6　あおいさんとかなたさんが走った周数をそれぞれ求めてから，ひき算します。

あおいさんの周数…7 × 2 = 14（周）

かなたさんの周数…3 × 4 = 12（周）

14 − 12 = 2（周）より，あおいさんが，かなたさんよりも 2 周多く走っています。

1 (1) 7 × 9, 9 × 7
(2) 7 × 6, 6 × 7
(3) 6 × 6, 9 × 4
(4) 9 × 2, 6 × 3

2 (1) (しき) 8 × 4 = 32
（答え）32 人
(2) (しき) 6 × 4 = 24
（答え）24 こ
(3) (しき) 7 × 3 = 21
（答え）21 こ

3 (1) ① 24 ② 30 (2) ① 21 ② 42
(3) ① 32 ② 16
(4) ① 72 ② 45 ③ 36

4 (しき) 6 × 8 = 48, 48 + 3 = 51
7 × 8 = 56, 56 − 51 = 5
（答え）5 人

5 (しき) 6 × 9 = 54, 6 × 2 = 12
54 + 12 = 66
（答え）66 こ

解説

2 (1) かけ算の式の意味を考えて, 式を作りましょう。8 人の 4 つ分なので, 式は,
8 × 4 = 32 となります。

──── 中学入試に役立つ **アドバイス** ────

かけられる数 × かける数の式では,「かける数」に「倍」を表す数があてはまります。

3 (1) 6, 12, 18, □, □, 36, 42
左右の数の大きさのちがいを求めます。
□ の部分をもとにすると, 右の数は,
左の数よりも 6 大きくなっています。

(2) 14, □, 28, 35, □, 49, 56
左右の数の大きさのちがいを求めます。
□ の部分をもとにすると, 右の数は,
左の数よりも 7 大きくなっています。

(3) 56, 48, 40, □, 24, □, 8
左右の数の大きさのちがいを求めます。
□ と ┆ ┆ の部分をもとにすると,

右の数は, 左の数よりも 8 小さくなっています。

(4) 81, □, 63, 54, □, □, 27
□ の右の数は, 左の数よりも 9 小さくなっています。81 から順に 9 ずつ小さくなる数を □ に当てはめます。

──── 中学入試に役立つ **アドバイス** ────

規則性を見つける問題です。並んだ 2 つの数字を 2 組見つけて, それぞれに同じルールを見つけましょう。並んだ 2 つの数字が 1 組しかない場合は, その数字から見つけたルールを □ にあてはめて, 確かめていきます。

4 人数を求めます。いすに座ることができた人数と, 座れなかった人数をたした数が, 全部の人数になります。
いすに座った人数…6 × 8 = 48（人）
全部の人数（座れなかった人をたした人数）
…48 + 3 = 51（人）
7 人ずつ座るとき, いすに座れる人数
…7 × 8 = 56（人）
7 人ずつ座ると, 56 人座ることができますが, 人数は 51 人しかいないので, 56 − 51 = 5（人）より, あと 5 人座れます。

5 ふくろに入っていただんごの数
…6 × 9 = 54（個）
1 つの箱に入っているだんごの数
…6 × 2 = 12（個）
9 つのふくろと 1 つの箱に入っただんごの数を合わせた数…54 + 12 = 66（個）
1 つの箱に入っているだんごの数は, 6 個の 2 倍と考えてもよいですし, 6 個が 2 ふくろと考えてもかまいません。

1 (1) 9　(2) 2　(3) 3　(4) 8　(5) 5
　(6) ① 4　② 4　③ 4　④ 12

2 (1) 3　(2) 4　(3) 8　(4) 2　(5) 5　(6) 6
　(7) 9　(8) 7

3 （しき）4 × 8 = 32
　（答え）32 本

4 （しき）6 × 3 = 18
　（答え）18 こ

5 （しき）5 × 7 = 35，35 − 28 = 7
　（答え）7 こ

6 （しき）8 × 7 = 56，5 × 7 = 35
　　　　56 + 35 = 91
　（答え）91 もん

解 説

1 (2) 3 × □ = 6 で，□にあてはまる数が，答えになります。□にあてはまる数は 2 です。

(3) 7 × □の答えは，7 の 4 倍よりも，7 小さいということです。よって，7 × □の答えは 7 の 3 倍に等しくなるので，□には 3 が入ります。

(4) 9 × □の答えは，9 の 7 倍よりも 9 大きいということです。よって，9 × □は，9 の 8 倍となります。よって，□には 8 が入ります。

(5) 3 + 3 + 3 + 3 + 3 は，3 の 5 つ分なので，3 × 5 の答えと同じになります。

(6) 4 × 3 は，4 の 3 つ分なので，4 + 4 + 4 と同じ答えになります。

5 おにぎりを 5 個ずつ，7 つの袋に入れるには 5 × 7 = 35（個）のおにぎりが必要です。そのため，35 − 28 = 7 で，7 個のおにぎりがたりません。

6 あさみさんが 1 週間でといた問題の数は，8 × 7 = 56（問）です。としきさんが 1 週間で解いた問題の数は，5 × 7 = 35（問）です。このことから，2 人合わせて，56 + 35 = 91 より，91 問の問題を解いたことがわかります。

1 (1) 7　(2) 6　(3) 6
　(4) ① 3　② 3　③ 3　④ 3　⑤ 12

2 (1) 6　(2) 3　(3) 3　(4) 2　(5) 6　(6) 7
　(7) 9　(8) 4

3 （しき）5 × 8 = 40
　（答え）40 円

4 （しき）4 × 6 = 24，24 + 2 = 26
　（答え）26 こ

5 （しき）4 × 6 = 24，24 + 5 = 29
　（答え）29 こ

6 （しき）2 × 6 = 12，4 × 4 = 16
　　　　12 + 16 = 28
　（答え）28 人

7 （しき）5 × 9 = 45，8 × 6 = 48
　　　　48 − 45 = 3
　（答え）2 はんの　ほうが，3 こ　多くあつめた。

解 説

4 6 つの箱に入ったパンの数は，4 × 6 = 24（個）です。7 箱目には，パンが 4 − 2 = 2（個）入っているので，パンの合計の数は，24 + 2 = 26（個）です。

（別解）
4 × 7 = 28，28 − 2 = 26

5 6 つの箱に入ったボールの数は，4 × 6 = 24（個）です。箱に入れていないボールが 5 個あるので，ボールの合計の数は，24 + 5 = 29（個）です。

6 2 人でボートに乗った人数は，2 × 6 = 12（人）です。4 人でボートに乗った人数は，4 × 4 = 16（人）です。合わせた人数は，12 + 16 = 28（人）です。

7 1 班が集めたペットボトルのキャップの数は，5 × 9 = 45（個），2 班が集めた数は，8 × 6 = 48（個）です。よって，48 − 45 = 3 より，2 班のほうが，3 個多く集めたことがわかります。

★ 標準レベル　問題**64**ページ

1 (1) ① かける　② かけられる（順不同）
　　(2) 4　(3) 4
2 (1) 左，先　(2) かけ
3 (1) 3　(2) 4　(3) 8　(4) 7
　　(5) 5　(6) 5　(7) 8　(8) 6
4 (1) 74　(2) 50　(3) 14　(4) 2
　　(5) 18　(6) 11　(7) 72　(8) 13
5 (1) 4×9，6×6，9×4
　　(2) 6×8，8×6

解　説

1 (2)
$$9 \times 6 \Big\langle \begin{matrix} 5 \times 6 \\ 4 \times 6 \end{matrix}$$

かけ算では，かけられる数を分けても，答えは同じです。

(3)
$$9 \times 6 \Big\langle \begin{matrix} 9 \times 2 \\ 9 \times 4 \end{matrix}$$

かけ算では，かける数を分けても，答えは同じです。

3 (3)(4) かける数とかけられる数を入れかえても，答えは同じになります。

(7) 3つの数のたし算の式の中に（　）があるときは，（　）の中を先に計算します。たす順序が変わっても，答えは同じです。

(8) 3つの数のかけ算の式の中に（　）があるときは，（　）の中を先に計算します。かける順序が変わっても，答えは同じです。

4 (3) たし算とかけ算が混じった式では，かけ算を先に計算します。

(5) 2×3＋3×4の式のように，かけ算とたし算が混じった式では，かけ算を先に計算し，それぞれの答えを後でたします。

(8) 5＋②4×（①3－1)のような式の場合，（　）の中を先に計算し，次にかけ算，最後にたし算を計算します。下線部①の答えに，下線部②をかけ，これと5をたします。

★★ 上級レベル　問題**66**ページ

1 (1) 2　(2) 7　(3) 3
　　(4) 8　(5) 9　(6) 4
　　(7) ① 5　② 9　(8) ① 8　② 6
2 (1) 11　(2) 24　(3) 23　(4) 3
　　(5) 13　(6) 9　(7) 11　(8) 81
3 イ
4 (1) ① 3　② 6　③ 30
　　(2) ① 8　② 2　③ 30
5 (1) （しき）2×9＋7＝25
　　　　（答え）25こ
　　(2) （しき）4×7＋3＝31
　　　　（答え）31人
　　(3) （しき）5×6－24＝6
　　　　（答え）6人

解　説

1 (3) 4×9－12＝24，8×□3□＝24
(4) 9×6＋18＝72，9×□8□＝72
(7) $\underline{5 \times 7} + \underline{4 \times 7} = (5 + 4) \times 7$ のように，かけられる数をまとめても，答えは同じです。
2 (3)～(6) かけ算を先に計算します。
(7) （　）の中→かけ算→たし算の順に計算します。
(8) （　）の中を先に計算すると，
9×3×3の式になります。3つのかけ算の式では，かける順番を変えても答えは同じになるので，下線部を先に計算し，9×9の式にして答えを求めます。
4 (1) 8個のりんごが横に3列分並んでいて，あと6個並んでいるので，
8×3＋6＝24＋6＝30です。
8×2＋14＝30でも，30個という答えはあっていますが，図のりんごの数を求める式としては不適切です。
(2) 4個のりんごを8列分並べた数より2個少ないので，4×8－2＝32－2＝30です。
5 かけ算と，たし算・ひき算の式を別々に書いても求めることができますが，このあとの複雑な計算を理解するためにも，1つの式にまとめて書けるようにします。

1 (1) ① 5　② 5　③ 5　④ 5

　　(2) ① 7　② 7　(3) 3　(4) 5

　　(5) 5　(6) ① 8　② 64

　　(7) ① 3　② 54

2 (しき) 6 × 8 − (3 × 5 + 6 × 5)

　　　　　　 = 48 − 45 = 3

　　(答え) 3 本

3 (しき) みゆう…7 × 2 = 14

　　　　　　 ゆう…7 × 2 × 4 = 56

　　(答え) 56 まい

4 (しき) 2 × 8 × 3 + 5 = 53

　　(答え) 53 こ

5 (しき) あいこの回数…

　　　　20 − (8 + 7) = 5

　　　　100 + 8 × 8 + 1 × 5 − 6 × 7 = 127

　　(答え) 127 点

解　説

1 (1) 4 × 5 = 5 × 4 = 5 + 5 + 5 + 5

(3) <u>7 × 8</u> = <u>(4 + 3) × 8</u> = <u>4 × 8</u> + <u>3 × 8</u>

かけ算では，かけられる数を分けても，答え
は同じです。

(4) <u>8 × 5</u> + <u>8 × 2</u> = 8 × (5 + 2)

　　　　　　　　 = 8 × 7 = 56

かけ算では，かける数をまとめても，答えは
同じです。

(5) 6 × 8 = <u>6 + 6 + 6 + 6 + 6</u> + 6 + 6 + 6

下線部をかけ算に直すと，

6 × 5 + 6 + 6 + 6 の式になります。

(6) 3 つの数のかけ算の式の場合，かける順序を
変えても答えは同じになるので，2 × 4 を先
に計算します。8 × 2 × 4 = 8 × 8 = 64

(7) かける順序を変えて，九九の計算ができるよ
うにします。

2 × 9 × 3 = 2 × 3 × 9 = 6 × 9 = 54

計算のきまりと工夫

・(　) を使った式では，(　) の中を先
に計算する。

・×，＋，−が混じった式では，×を先に計
算する。

・3 つの数のたし算では，たす順序を変えて
も答えは変わらない。

(○ + △) + □ = ○ + (△ + □)

・3 つの数のかけ算では，かける順序を変え
ても，答えは変わらない。

(○ × △) × □ = ○ × (△ × □)

・かけ算のかける数とかけられる数の順序を
変えても，答えは変わらない。

・2 つのかけ算の答えをたしたり，ひいたり
する式で，2 つのかけ算のかける数やかけ
られる数が同じ場合，式を簡単にすること
ができる。

(○ × △) + (□ × △) = (○ + □) × △

3 ゆうさんの持っているカードの枚数は，

7 × 2 (14 枚) の 4 倍なので，7 × 2 × 4 の計
算をすることになりますが，かける順序を変えて，

7 × 2 × 4 = 7 × 8 の計算で求めることができ
ます。

4 そうたさんは，2 × 8 (個) のおまんじゅう
を持っていて，りなさんはそうたさんが持ってい
る数の 3 倍より 5 個多くおまんじゅうを持って
いるので，

(2 × 8) × 3 + 5 = 2 × 3 × 8 + 5

= 48 + 5 = 53

かける順序を変えて，九九の計算ができるように
します。

5 20 回じゃんけんをして，勝った回数と負け
た回数がわかっているので，まいさんのあいこの
回数を求めます。　20 − (8 + 7) = 5 (回)

このことから，勝ったとき，あいこのときの点数
を求め，100 点にたし，負けたときの点数をひ
きます。

★ 標準レベル 問題70ページ

1 (1) 0 (2) 0 (3) 80
  (4) ① 4 ② 40
  (5) ① 8 ② 8 ③ 80

2 (1) 0 (2) 0 (3) 70
  (4) 80 (5) 90 (6) 240

3 (1) 8 (2) 6 (3) 70
  (4) 40 (5) 8 (6) 0

4 (1) （しき） $80 \times 5 = 400$
    （答え）400 円
  (2) （しき） $50 \times 7 = 350$
    （答え）350 円
  (3) （しき） $5 \times 30 = 150$
    （答え）150 円

5 （しき） $50 \times 6 + 120 = 420$
  （答え）420 円

6 （しき） $3 \times 40 - 10 = 110$
  （答え）110 本

7 （しき） $17 - 8 = 9$, $10 \times 9 = 90$
  （答え）90 点

解説

2 (5) 30×3 は, $3 \times 3 = 9$ より, 10 が 9 こ
あると考えます。

3 (1) 40 は 10×4, 320 は 10×32
だから, $40 \times \square = 320$ の式は,
$10 \times \underline{4} \times \square = 10 \times \underline{32}$ となります。
下線部が等しくなればよいので,
$\square = 8$ とわかります。
(5) $70 = 10 \times 7$, $560 = 10 \times 8 \times 7$ です。
$10 \times \underline{7} \times \square = 10 \times \underline{8 \times 7}$ より,
下線部が等しくなればよいので, $\square = 8$ とわ
かります。

7 あたった問題数のちがいは,
$17 - 8 = 9$（問）です。
1 問につき 10 点ちがうので, 9 問では,
$10 \times 9 = 90$（点）のちがいが出ます。

★★ 上級レベル 問題72ページ

1 (1) 0 (2) 24 (3) 0
  (4) 60 (5) 160 (6) 560

2 (1) 64 (2) 119 (3) 54 (4) 445
  (5) 330 (6) 120 (7) 162 (8) 22

3 (1) = (2) < (3) < (4) =

4 (1) ① 10 ② 70
  (2) ① 5 ② 40 ③ 360
  (3) 8 (4) 70 (5) 60 (6) 3

5 (1) （しき） $5 \times 3 \times 20 = 300$
    （答え）300 こ
  (2) （しき） $30 \times 4 \times 3 = 360$
    （答え）360 こ

6 （しき） $10 \times 7 \times 3 = 210$
    $210 + 10 = 220$
  （答え）220 ページ

解説

2 先にかけ算の部分の計算をしてから, 左から
順に計算をします。

3 (3) かける数, かけられる数のどちらかをそろ
   えて, 大小関係を考えます。
   $18 \times 6 = 18 \times 7 - 18$
   $17 \times 7 = 18 \times 7 - 7$

4 (4) $420 = 10 \times 42 = 10 \times 6 \times 7$ だから,
   $\underline{3 \times 2} \times \square = 10 \times \underline{6} \times 7$
   下線部は等しいので, $\square$ にあてはまる数は,
   10×7 の答えに等しくなります。
(5) $480 = 10 \times 48 = 10 \times 6 \times 8$ より,
   $\square \times \underline{4 \times 2} = 10 \times 6 \times \underline{8}$
   下線部は等しいので, $\square$ にあてはまる数は,
   10×6 の答えに等しくなります。
(6) $80 = 10 \times 8$, $720 = 10 \times 9 \times 8$ だから,
   $3 \times \square \times \underline{10 \times 8} = 10 \times \underline{9} \times 8$
   $3 \times \square = 9$ より, $\square = 3$

6 10 ページずつ 1 週間読むと, 10×7（ページ）
読むことになりますが, これを 3 週間続けるので,
1 つの式にまとめると,
$10 \times 7 \times 3 = 210$（ページ）となります。ここに,
もう 1 日分の 10 ページをたします。

1 (1) 240　(2) 210　(3) 140
　　(4) 80　(5) 630

2 (1) 202　(2) 720　(3) 93
　　(4) 500　(5) 158　(6) 425
　　(7) 86　(8) 52

3 (1) 1　(2) 4　(3) 10　(4) 90

4 (1) 81 まい　(2) 39 まい

5 （しき）$900 - 80 \times 4 - 90 \times 6 = 40$
　　（答え）40 円

6 （しき）$5 \times 30 - 2 \times 70 = 10$
　　（答え）10 人

7 （しき）$2 \times 6 \times 5 = 60$
　　　　　$4 \times 5 \times 5 = 100$
　　　　　$60 + 100 = 160$
　　（答え）160 人

解説

2 (3) $\underline{4 \times 30} - \underline{3 \times 20} + 33$ の式のかけ算（下線部）の部分を先に計算すると，
$120 - 60 + 33$ の式になります。

(4) $800 - 2 \times 50 \times 3$ の式は，かけ算の部分の計算する順番を変えて，$800 - 2 \times 3 \times 50$ の式に直して計算します。
$800 - 6 \times 50 = 800 - 300 = 500$

(6) $2 \times 6 \times 40 - 55$ の式は，かけ算の部分の計算する順番を変えて，$2 \times 40 \times 6 - 55$ の式に直して計算します。
$80 \times 6 - 55 = 480 - 55 = 425$

─── 中学入試に役立つ **アドバイス** ───

3 つの数のかけ算などでは，3 つの数を入れかえて，○×△のような，2 つの数のかけ算の式に直すようにします。このとき，かけられる数か，かける数のどちらかが，1 けたの数になるようにすると，計算しやすくなります。

3 (2) $(2 + 5) \times (7 + 3) \times (\Box + 3)$
$= 7 \times 10 \times (\Box + 3) = 490$
$490 = 10 \times 49 = 10 \times 7 \times 7$ なので，

式の下線部は，7 になり，$\Box + 3 = 7$ より，$\Box = 4$ になります。

(3) $(8 - 6) \times (80 - \Box) \times (9 - 7) = 280$,
$280 = 28 \times 10 = 4 \times 7 \times 10$ となるのでこれをもとの式に当てはめて整理すると，
$2 \times (80 - \Box) \times 2 = 4 \times 7 \times 10$
かけ算の順番を入れかえると，
$2 \times 2 \times (80 - \Box) = 4 \times 7 \times 10$,
$4 \times (80 - \Box) = 4 \times \underline{7 \times 10}$ となります。
上の式の下線部は等しくなるので，
$80 - \Box = 70$ となることから，$\Box = 10$ になります。

4 (1) 使ったカードの枚数を表にまとめます。

段の数	1 段目	2 段目	3 段目	…
使ったカードの合計の枚数	1 枚	4 枚	9 枚	…

段の数（1，2，3）を使って，使ったカードの合計の枚数を求めるために，どのような計算をすればよいかを考えると，（段の数）×（段の数）の式で求められることがわかります。この式から，9 段目まで並べたときに使うカードの枚数を求めると，$9 \times 9 = 81$（枚）になります。

(2) それぞれの段で使うカードの枚数を表にまとめます。

段の数	1 段目	2 段目	3 段目	…
それぞれの段で使う枚数	1 枚	3 枚	5 枚	…

段の数と，それぞれの段で使う枚数の間に，どのような式が成り立つかを考えると，
（段のカードの枚数）＝（段の数）× 2 - 1
の式で求められます。よって，20 段目に使うカードの枚数は，$20 \times 2 - 1 = 39$（枚）になります。

─── 中学入試に役立つ **アドバイス** ───

2 つの数が規則的に変化する問題では，数の変化のようすをまとめた表をつくると考えやすくなります。

1 (1) 5　(2) 4　(3) 5　(4) 2　(5) 4　(6) 9

(7) ① 8　② 10

2 (1) 112　(2) 16　(3) 146　(4) 2

(5) 16　(6) 24

3 (1) ＝　(2) ＜　(3) ＞　(4) ＜

4 (1)（しき）6 × 3 ＋ 4 ＝ 22

（答え）22 こ

(2)（しき）3 × 5 － 2 ＝ 13

（答え）13 こ

(3)（しき）2 × 8 ＋ 5 × 9 ＝ 61

（答え）61 本

5 （しき）6 × 20 ＋ 6 × 7 ＝ 162

（答え）162 まい

解　説

1 (1) 3 × 6 は，3 が 6 つ分ということです。3 が 5 つ分に，3 をたしても，3 が 6 つ分の答えと同じになります。

(7) 2 × 3 ＋ 8 × 3 の式のように，かけ算とたし算が混じった式では，かけ算を先に計算します。ただし，下線部のように，2 つのかけ算のかける数が同じ場合は，（2 ＋ 8）× 3 の式として計算することもできます。

4 (1) 箱に入っているボールの数は，6 × 3 ＝ 18（個）です。余ったボールが 4 個あるので，ボールは全部で，18 ＋ 4 ＝ 22（個）あります。

(3) 2 本ずつが 8 セットあるので，牛乳は 2 × 8 ＝ 16（本）あります。また，5 本ずつが 9 セットあるので，牛乳は 5 × 9 ＝ 45（本）あります。これらを合わせると，16 ＋ 45 ＝ 61（本）になります。

5 1 組は 20 人なので，答えを書くカードは，6 × 20 ＝ 120（枚）必要です。また，2 組は 7 人なので，答えを書くカードは，6 × 7 ＝ 42（枚）必要です。合わせると，120 ＋ 42 ＝ 162（枚）になります。

1 (1) 16　(2) 0　(3) 240　(4) 0　(5) 360

(6) 480

2 (1) 12　(2) 138　(3) 24　(4) 122

(5) 22　(6) 26　(7) 34　(8) 15

3 ア

4 (1) ① 30　② 240　(2) 4　(3) 20

5 (1) ① 7　② 2　③ 19

(2) ① 6　② 7　③ 19

6 （しき）2 × 20 ＝ 40，3 × 10 ＝ 30，

40 － 30 ＝ 10

（答え）しずくさんが，10 ページ

多く　本を　読む。

7 （しき）2 × 20 ＋ 7 × 20 ＝ 180

（答え）180 本

解　説

5 (1) たくとさんは，3 の段のかけ算と，ひき算を使っているので，右の図のように，□□□の部分にもどんぐりがあると考え，□□□も入れた全体の数を求めてから，□□□の部分の 2 個をひいて求めています。

3 × 8 － 5 などは答えが 19 ですが，図のどんぐりの数を求める式としては不適切です。

(2) 2 の段のかけ算と，たし算を使っているので，右の図のように □□□ の部分の数に，□ の部分の数をたして，全体の数を求めています。

6 しずくさんが読んだページ数は，2 × 20 ＝ 40（ページ），ゆうさんが読んだページ数は，3 × 10 ＝ 30（ページ）です。ゆうさんとしずくさんのちがいは，40 － 30 ＝ 10（ページ）です。

■ 4章　わり算と　分数

11　わり算①

★　標準レベル

問題80ページ

1 (1) 18 ÷ 3
　　(2) 24 ÷ 6

2 ① 4　② 8　③ 12　④ 3　⑤ 3

3 (1) 2　(2) 5　(3) 6　(4) 7

4 (1) 4　(2) 4　(3) 6　(4) 8

5 (1)（しき）24 ÷ 8 = 3
　　　（答え）3本
　　(2)（しき）36 ÷ 9 = 4
　　　（答え）4さつ

6 (1)（しき）18 ÷ 3 = 6
　　　（答え）6人
　　(2)（しき）35 ÷ 5 = 7
　　　（答え）7人

解　説

2 □ × 4 の□に数をあてはめます。
1 × 4 = 4, 2 × 4 = 8, 3 × 4 = 12,
よって，12 ÷ 4 = 3 とわかります。

4 (1) わる数が2なので，2の段の九九を使っ
て求めます。2 × □ = 8 の□にあてはまる
数なので，□ = 4 です。

(2) わる数が5なので，5の段の九九を使って求
めます。5 × □ = 20 の□にあてはまる数な
ので，□ = 4 です。

(3) わる数が3なので，3の段の九九を使って求
めます。3 × □ = 18 の□にあてはまる数な
ので，□ = 6 です。

(4) わる数が6なので，6の段の九九を使って求
めます。6 × □ = 48 の□にあてはまる数な
ので，□ = 8 です。

5（全部の数）÷（人数）=（1人分の数）の
式を使って求めます。

6 何人に分けられるかを求めるときも，わり算
を使って求めることを確かめます。
（全部の数）÷（1人分の数）=（人数）の式を使っ
て求めます。

★★　上級レベル

問題82ページ

1 (1) 3　(2) 6　(3) 8　(4) 4

2 (1) 2　(2) 6　(3) 5　(4) 7
　　(5) 7　(6) 7　(7) 6　(8) 8
　　(9) 3　(10) 1

3
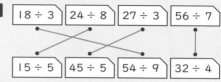

4（しき）42 ÷ 7 = 6
　　（答え）6 もん

5（しき）56 ÷ 8 = 7
　　（答え）7 ばい

6（しき）40 − 8 = 32, 32 ÷ 8 = 4
　　（答え）4 ばい

7 (1)（しき）3 × 8 = 24, 24 ÷ 6 = 4
　　　（答え）4 まい
　　(2)（しき）24 + 12 = 36, 36 ÷ 4 = 9
　　　（答え）9 人

解　説

1 わる数の段の九九を使って答えを求めます。

2 (1) 9 × □ = 18 □に当てはまる2が，わ
り算の答えです。

(10) 6 × □ = 6 □に当てはまる1が，わり算の
答えです。

6 まいさんのリボンの数は，40 − 8 = 32（本）
32本が8本の何倍であるかを求めるので，
32 ÷ 8 = 4 より，4倍になります。

7 (1) 1ふくろのシールの数は，3 × 8 = 24（枚）
です。これを，6人に等しく分けるので，
24 ÷ 6 = 4 より，1人分は4枚です。

(2) (1)で，1ふくろには24枚のシールが入って
いることがわかりました。このことから，12
枚シールをたすと，24 + 12 = 36（枚）と
なります。これを4枚ずつに等しく分けるので，
36 ÷ 4 = 9 より，9人に配ることができます。

1 (1) 9　(2) 5　(3) 21　(4) 27
　　(5) 7　(6) 4　(7) 24　(8) 18

2 (1) 7　(2) 11　(3) 13
　　(4) 2　(5) 6　(6) 5

3 (1) 4　(2) 0　(3) 11　(4) 3
　　(5) 4　(6) 6

4 (しき) 24 ÷ 8 = 3, 56 ÷ 8 = 7
　　　　　 3 + 7 = 10
　　(答え) 10 こ

5 (しき) 14 − 2 = 12, 12 ÷ 2 = 6
　　　　　 3 × 6 + 14 = 32
　　(答え) 花の数…32 本
　　　　　　人数…6 人

6 (しき) 48 ÷ 6 = 8, 8 × 5 = 40
　　(答え) 40 本

7 (しき) 2 + 3 × 2 = 8, 48 ÷ 8 = 6
　　　　　 6 × 2 = 12
　　(答え) 12 セット

解説

1 (1) 15 ÷ 3 = 45 ÷ □, 5 = 45 ÷ □,
　　45 ÷ □ = 5 なので, 5 × □ = 45 の□を,
　　5 の段の九九を使って求めます。

2 (1) 15 ÷ 5 + 4 の計算は, わり算を先に計算
　　した後, 4 をたします。

(2) 8 + 12 ÷ 4 の計算は, わり算を先に計算し
　　た答えを, 8 にたします。

── 中学入試に役立つ **アドバイス** ──

わり算に, たし算やひき算が混ざっている式
では, わり算を先に計算した後, 左から順に
計算します。

3 左のわり算を先に計算した後, 右のわり算を
計算し, それぞれのわり算の答えをたしたりひい
たりして求めます。

(1) 6 ÷ 2 = 3 の計算をした後, 4 ÷ 4 = 1 の計
　　算をし, 3 + 1 = 4 の計算をします。

4 24 個のプリンを 8 個の箱に同じ数ずつ入れ
るので, 1 箱に入れるプリンの数は, 24 ÷ 8 =
3 (個) です。56 個のクッキーを 8 個の箱に同
じ数ずつ入れるので, 1 箱に入れるクッキーの数
は, 56 ÷ 8 = 7 (個) です。よって, 1 箱に入
れたプリンとクッキーは, 合わせて, 3 + 7 =
10 (個) です。

5 はじめに配った後, 余っている 14 本の花を,
2 回目に配ると 2 本余るので, 2 回目に配った
数は, 14 − 2 = 12 (本) です。配った人数は,
12 本を 1 人に 2 本ずつ配っているので,
12 ÷ 2 = 6 (人) とわかります。このことから,
はじめにあった花の数は,
3 × 6 + 14 = 32 (本) です。

6 赤えんぴつの数は, 青えんぴつの数の 5 倍だ
から, 図に表すと, 次のようになります。

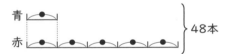

赤えんぴつと青えんぴつを合わせた数は 48 本で,
48 本の 6 等分した数が, 青えんぴつの数になり
ます。よって, 青えんぴつの数は, 48 ÷ 6 = 8
(本) です。赤えんぴつは, 8 × 5 = 40 (本) です。

7 お茶のセットは, ラムネのセットの 2 倍の数
を買ったので, ラムネを 1 セット買うとすると,
お茶は 2 セット買うことになり, 本数は,
2 + 3 × 2 = 8 (本) になります。ラムネとお
茶は合わせて 48 本買ったので, 買ったラムネの
セットの数は, 48 ÷ 8 = 6 (セット) です。よっ
て, お茶のセットは, 6 × 2 = 12 (セット) 買っ
たとわかります。

── 中学入試に役立つ **アドバイス** ──

問題文に「何倍になった」などの表現がある
ときは, もとにする数量が何であるかを確認
します。絵や図を用いて, 整理してもよいで
しょう。

★ 標準レベル　　問題86ページ

1 (1) 10　(2) 0　(3) 20　(4) 70
　　(5) 60　(6) 70　(7) 40　(8) 90

2 (1) 2　(2) 2　(3) 7
　　(4) 9　(5) 140　(6) 720

3 (1) 40　(2) 56　(3) 100　(4) 20

4 (1) 12　(2) 11　(3) 33　(4) 42

5 (1) （しき）$120 \div 4 = 30$
　　　（答え）30 人
　　(2) （しき）$120 \div 6 = 20$
　　　（答え）20 こ

6 （しき）$480 \div 8 = 60$, $60 - 5 = 55$
　（答え）55 まい

解説

1 (4) 10 が（$35 \div 5$）個なので, 70 です。

(5) 10 が（$42 \div 7$）個なので, 60 です。

2 (1) $40 \times \square = 80$ の□に入る数になるので, 2 となります。

（別解）

　$80 = 10 \times 8$, $40 = 10 \times 4$ なので, 式を置き換えると, $10 \times 8 \div \square = 10 \times 4$ となります。＝の左と右を比べ, 下線部が 4 になればよいので, $8 \div \square = 4$ の, □にあてはまる数を求めます。$4 \times \square = 8$, $\square = 2$

(5) $70 \times 2 = \square$ の式になるので, $\square = 140$ です。

3 わり算と, たし算・ひき算が混じった式では, わり算を先に計算し, その後, 左から順に計算します。

4 (1) 36 を, 30 と 6 に分けて, それぞれを 3 でわり, 求めた答えをたします。

　$30 \div 3 = 10$　┐
　　　　　　　　　｜たすと 12
　$6 \div 3 = 2$　　┘

6 480 個のじゃがいもを 8 個ずつ袋に入れるのに必要な袋の数は, $480 \div 8 = 60$（枚）です。袋は 5 枚足りなかったので, はじめにあった袋の数は, $60 - 5 = 55$（枚）です。

★★ 上級レベル　　問題88ページ

1 (1) 100　(2) 20　(3) 100
　　(4) 20　(5) 80　(6) 290

2 (1) 40　(2) 60　(3) 20
　　(4) 40　(5) 10　(6) 40
　　(7) 20　(8) 30

3 (1) 4　(2) 2　(3) 6　(4) 9
　　(5) 300　(6) 420　(7) 240　(8) 400

4 (1) （しき）$40 \times 6 = 240$,
　　　　　　　$240 \div 8 = 30$
　　（答え）30 本
　　(2) （しき）$240 \div 3 = 80$
　　　　　　　$80 \div 2 = 40$
　　（答え）40 人

5 （しき）$480 \div 6 = 80$, $80 \div 2 = 40$
　　　　　$40 - 10 = 30$
　（答え）30 こ

6 （しき）$4 \times 2 = 8$, $160 \div 8 = 20$
　　　　　$5 \times 20 = 100$
　（答え）100 分

解説

2 左から順に計算します。

(1) $720 \div 9 = 80$, $80 \div 2 = 40$

3 (1) $360 \div 9 = 40$, $\underline{40 \div \square = 10}$
　下線部の式は, $10 \times \square = 40$ の式に直して□を求めます。$\square = 4$

(3) $480 \div \square \div 4 = 20$ の式の $480 \div \square$ の部分を〇とすると,

　$480 \div \square \div 4 = 20$ ┐
　　　〇　　$\div 4 = 20$ ←┘

　この式をかけ算の式に直すと, $20 \times 4 = 〇$ となり, $〇 = 80$ と求められます。このことから, $480 \div \square = 80$ となるので, $80 \times \square = 480$, $\square = 6$ となります。

6 1 回で, ボート 2 艘に乗れる人数は, $4 \times 2 = 8$（人）です。$160 \div 8 = 20$ より, 順に 20 回乗れば, 160 人全員がボートに乗れるので, かかる時間は, $5 \times 20 = 100$（分）です。$160 \div 4 = 40$, $40 \div 2 = 20$, $5 \times 20 = 100$ の式で求めてもかまいません。

1 (1) 6　(2) 8　(3) 320
　　(4) 40　(5) 120　(6) 80

2 (1) 66　(2) 8　(3) 14　(4) 6
　　(5) 58　(6) 20　(7) 85　(8) 202

3 (1) 9　(2) 5　(3) 250

4 （しき）6 × 30 = 180,
　　　　　180 ÷ 9 = 20
　　（答え）20 こ

5 （しき）180 ÷ 2 = 90
　　　　　90 ÷ 3 = 30
　　　　　90 − 30 = 60
　　（答え）60 こ

6 （しき）8 − 5 = 3, 740 − 500 = 240
　　　　　240 ÷ 3 = 80,
　　　　　500 − 80 × 5 = 100
　　（答え）まんじゅう…80 円,
　　　　　　はこ…100 円

7 （しき）20 ÷ 5 = 4, 840 ÷ 4 = 210
　　（答え）210 人

解説

1 (5) $360 ÷ (2 + 4) × 2 = 360 ÷ 6 × 2$
　　　　$= 60 × 2 = 120$

2 (7) $20 × 3 + 4 × 4 + 63 ÷ 7$
　　　　$= 60 + 16 + 9 = 85$

―― 中学入試に役立つ **アドバイス** ――

・かけ算・わり算が混じった式は，左から順
　に計算します。
・かけ算・わり算に（　）が混じった式は，
　（　）の中を先に計算し，あとは，左か
　ら順に計算します。
・かけ算・わり算に，たし算・ひき算が混じっ
　た式は，かけ算・わり算を先に計算した後，
　左から順に計算します。

3 (1) $120 ÷ (2 + 4) × □ = 180$ 〕（　）を計算
　　　$120 ÷ \quad 6 \quad × □ = 180$ 〕わり算を計算
　　　　　　$20 \quad × □ = 180$ 〕□を求める
　　　　　　　　　　$□ = 9$

(2) $360 ÷ (4 + □) × 6 = 240$ 〕$360 ÷ (4 + □)$
　　　　　　　$○ × 6 = 240$ 〕を○とおく
　　　　　　　　$○ = 40$
$○$ は $360 ÷ (4 + □)$ を表しているので，
$360 ÷ (4 + □) = 40$ 〕$(4 + □)$ を
$360 ÷ \quad △ \quad = 40$ 〕$△$ とおく
　　　　$40 × △ = 360$
　　　　　　　$△ = 9$
$△$ は $(4 + □)$ をおきかえたものだから
　　　　$4 + □ = 9,\ □ = 5$

―― 中学入試に役立つ **アドバイス** ――

□を求めるときは，式の一部を，○や△な
どにおきかえて考えるとよいです。

4 6 人ずつ 30 れつならんでいるので，全員で，
$6 × 30 = 180$（人）います。9 人ずつ分かれる
ので，$180 ÷ 9 = 20$（個）の丸ができます。

5 大根の種の数をもとにすると，ほうれん草は
3 倍，スミレはほうれん草の 2 倍なので，図に
表すと次のようになります。

スミレ　　ＬＩＩＩＩＩＩＩＩＩＬ
ほうれん草　ＬＩＩＩＬ
大根　　　ＬＩＬ

ほうれん草の種の数は，スミレの数の半分なので，
$180 ÷ 2 = 90$（個）です。また，ほうれん草の
種の 90 個は，大根の種の数の 3 倍にあたるので，
大根の種の数は，$90 ÷ 3 = 30$（個）です。だから，
ほうれん草と大根の種の数のちがいは，$90 − 30$
$= 60$（個）です。

6 5 個つめたときと，8 個つめたときでは，ま
んじゅうの数が 3 個ちがいますが，値段は
$740 − 500 = 240$（円）ちがうので，まんじゅ
う 1 個の値段は $240 ÷ 3 = 80$（円）とわかります。
$500 − 80 × 5 = 100$ の式は，
$740 − 80 × 8 = 100$ の式でもかまいません。

7 1 人では 20 分間に，$20 ÷ 5 = 4$ より，4 個
作れます。1 人あたり 4 個作るとき，840 個作
るための人数は，$840 ÷ 4$ を計算します。

1 (1) $\dfrac{1}{4}$ (2) $\dfrac{1}{2}$ (3) $\dfrac{1}{6}$

(4) $\dfrac{1}{8}$ (5) $\dfrac{1}{8}$ (6) $\dfrac{1}{4}$

2 ⑦…⑰ ⑰…㋐

3 (1) ① 3 ② 2 ③ $\dfrac{2}{3}$

(2) ① 分子 ② 分母

4 (1) $\dfrac{3}{4}$ (2) $\dfrac{2}{6}$ (3) $\dfrac{3}{5}$ (4) $\dfrac{2}{7}$

(5) $\dfrac{3}{4}$ (6) $\dfrac{1}{3}$

5 (1) ① 3 ② 3 ③ 5 (2) ① 7 ② 5
(3) ① 5 ② 5 ③ 1

解 説

2 $\dfrac{1}{2}$ は，もとの半分のことです。⑦は4目盛

り分の長さなので，半分は2目盛り分になりま
す。これは，⑰です。また，⑰は2目盛り分です。
この半分は1目盛り分なので，㋐です。

4 (2) 全体が1なので，色がぬられている部分は，
全体を6つに分けたうちの2つです。全体を
分けた数が分母になり，このうちいくつ分か
を表す数が分子になります。

5 (1) ⑦（1目盛り）は，$\dfrac{1}{5}$ です。①は，⑦の

3つ分です。

(2) ⑦（1目盛り）は，$\dfrac{1}{5}$ です。⑰は，1目盛り

が7個分なので，$\dfrac{7}{5}$ です。

(3) ⑦（1目盛り）は，$\dfrac{1}{5}$ です。図から，$\dfrac{1}{5}$ が5

つ分は，1とわかります。

1 (1) ① 9こ ② 12こ (2) 12こ

(3) ① $\dfrac{1}{6}$ ② $\dfrac{5}{6}$

2 (1) ① 3 ② 2 ③ 5 ④ $\dfrac{5}{7}$

(2) ① 1 ② $\dfrac{1}{7}$

3 (1) $\dfrac{2}{6}$ (2) $\dfrac{4}{7}$ (3) $\dfrac{7}{9}$ (4) $\dfrac{4}{6}$

(5) $\dfrac{5}{5}$ (1) (6) $\dfrac{2}{10}$ (7) $\dfrac{4}{4}$ (1) (8) $\dfrac{1}{3}$

4 (1) $\dfrac{5}{4}$ (2) $\dfrac{12}{6}$

5 （しき）$1 - \dfrac{5}{8} = \dfrac{3}{8}$ （答え）$\dfrac{3}{8}$（本）

6 （しき）$\dfrac{1}{8} + \dfrac{2}{8} = \dfrac{3}{8}$，$1 - \dfrac{3}{8} = \dfrac{5}{8}$

（答え）$\dfrac{5}{8}$

解 説

1 (2) 縦に分けると6つ
に分けたうちの4つ
分なので，
右の図の色がついた部分になります。

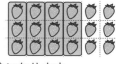

(3) 全体は縦に6つに分けられます。
① いちご3個は，縦1つ分です。
② 縦に6つに分けたとき，15個は5つ分です。

3 (5) $\dfrac{3}{5} + \dfrac{2}{5} = \dfrac{5}{5}$ です。$\dfrac{5}{5}$ とは，1を5つ

に分けたうちの5つ分を意味しているので，
1と同じです。

(8) $1 = \dfrac{3}{3}$ より，$1 - \dfrac{2}{3} = \dfrac{3}{3} - \dfrac{2}{3} = \dfrac{1}{3}$

4 (2) $\dfrac{1}{6}$ が12個だから $\dfrac{12}{6}$ です。$\dfrac{1}{6}$ が6個で

1なので，2倍の12個であれば，$\dfrac{12}{6}$ は1の

2倍の2と同じ大きさです。

1 (1) ＞　(2) ＞　(3) ＝　(4) ＜

2 (1) ＞　(2) ＝　(3) ＜　(4) ＝

3 (1) 4　(2) 3　(3) 3　(4) 2
　　(5) 8　(6) 8

4 (1) $\dfrac{6}{7}$　(2) $\dfrac{2}{9}$　(3) $\dfrac{1}{6}$

　　(4) 1　(5) $\dfrac{2}{5}$　(6) $\dfrac{3}{4}$

5 （しき）$1 - \dfrac{2}{7} = \dfrac{5}{7}$

　　　　$\dfrac{5}{7} + \dfrac{1}{7} + \dfrac{1}{7} + \dfrac{1}{7} = \dfrac{8}{7}$

　　（答え）$\dfrac{8}{7}$

6 （しき）$\dfrac{1}{4} + \dfrac{1}{4} = \dfrac{2}{4}$, $1 - \dfrac{2}{4} = \dfrac{2}{4}$

　　　　$12 \div 2 = 6$

　　（答え）6本

7 （しき）$1 - \dfrac{7}{8} = \dfrac{1}{8}$, $10 \times 8 = 80$

　　（答え）80 こ

解説

1 (1) 分母が同じ分数では, 分子が大きいほど, 分数が大きくなります。

(2) $1 = \dfrac{5}{5}$です。$\dfrac{5}{5}$と$\dfrac{4}{5}$を比べます。

2 図の中から, それぞれの分数を表す目盛りを探します。その目盛りを比べたとき, 0から離れているほうが, 大きな分数であることを表しています。

3 図の分数のうち, 0からの目盛りの位置が同じ分数は, 同じ大きさを表しています。

(1) $\dfrac{1}{2}$と$\dfrac{2}{4}$, $\dfrac{3}{6}$, $\dfrac{4}{8}$は, 目盛りの位置が同じなので, 同じ大きさの分数になります。

(5) 分母と分子が同じ数の分数は, すべて1に等しくなります。

4 分母が同じ3つの分数のたし算, ひき算では, 左から順に計算します。また, 分母は変わらず, 分子だけをたしたりひいたりします。

(4) $\dfrac{5}{8} - \dfrac{2}{8} + \dfrac{5}{8} = \dfrac{8}{8} = 1$　分母と分子が同じ分数は, 1と同じ大きさになることに気をつけます。

─── 中学入試に役立つ **アドバイス** ───

分数の計算で, 答えの分母と分子が同じ分数になった場合は, 「1」と書くようにしましょう。

5 答えが1になるということは, 計算の結果が$\dfrac{7}{7}$になるということです。$\dfrac{2}{7}$をたすと$\dfrac{7}{7}$になる数は, $\dfrac{7}{7} - \dfrac{2}{7} = \dfrac{5}{7}$です。この$\dfrac{5}{7}$は, $\dfrac{1}{7}$を3回ひいた後の数なので, ひく前の数は,

$\dfrac{5}{7} + \dfrac{1}{7} + \dfrac{1}{7} + \dfrac{1}{7} = \dfrac{8}{7}$です。

6 飲んだ牛乳の合計は, $\dfrac{1}{4} + \dfrac{1}{4} = \dfrac{2}{4}$です。

12本を4つに分けたうちの2つ分を飲んだことになるので, 図に表すと, 次のようになります。飲んでいない残った牛乳は, ちょうど12本の半分にあたるので, $12 \div 2 = 6$（本）です。

7 はじめにあったみかんを1とすると, このうちの$\dfrac{7}{8}$を食べたので, 残りは$1 - \dfrac{7}{8} = \dfrac{1}{8}$となり, これが10個にあたります。はじめにあったみかんは, $\dfrac{8}{8}$なので, $10 \times 8 = 80$（個）より, 80個です。

─── 中学入試に役立つ **アドバイス** ───

全体を1と考えた図にして考えるようにしましょう。

1 (1) 9　(2) 6　(3) 8　(4) 3　(5) 7　(6) 2
　　(7) 4　(8) 9　(9) 1

2 (1) $\dfrac{7}{8}$　(2) $\dfrac{2}{5}$　(3) $\dfrac{5}{6}$　(4) $\dfrac{3}{7}$　(5) 1

　　(6) $\dfrac{3}{10}$　(7) $\dfrac{4}{4}$ (1)　(8) $\dfrac{2}{3}$

3 (1) 6　(2) 320

4 （しき）36 ÷ 6 = 6
　（答え）6 こ

5 （しき）84 − 21 = 63,
　　　　63 − 21 − 21 − 21 = 0
　（答え）3 ばい

6 （しき）1 − $\dfrac{3}{8}$ = $\dfrac{5}{8}$

　（答え）$\dfrac{5}{8}$（まい）

7 (1)（しき）6 × 30 = 180,
　　　　　180 ÷ 9 = 20
　　（答え）20 日
　　(2)（しき）180 − 20 = 160,
　　　　　160 ÷ 8 = 20
　　　　　20 + 1 = 21
　　（答え）21 日

解 説

3 (1) 480 ÷ □ ÷ 2 = 40 の式の 480 ÷ □ の部分を○に置きかえると，○ ÷ 2 = 40 となるため，40 × 2 = ○，○ = 80 となります。○は，480 ÷ □ の部分を置きかえたものなので，480 ÷ □ = ○ = 80 となり，80 × □ = 480 の式で表せることから，□ = 6 となります。

5 ゆうとさんは 63 枚，くるみさんは 21 枚もっています。63 − 21 − 21 − 21 = 0 より，63 は 21 の 3 つ分なので，ゆうとさんはくるみさんの 3 倍のカードをもっています。

1 (1) 4　(2) 8　(3) 4　(4) 6　(5) 7　(6) 9
　　(7) 9　(8) 1　(9) 7

2 (1) $\dfrac{2}{3}$　(2) $\dfrac{3}{6}$　(3) $\dfrac{3}{4}$　(4) $\dfrac{4}{9}$　(5) $\dfrac{6}{8}$

　　(6) $\dfrac{1}{7}$　(7) $\dfrac{5}{5}$ (1)　(8) $\dfrac{9}{10}$

3 (1) 17　(2) 3　(3) 21　(4) 81

4 （しき）120 + 130 = 250,
　　　　250 ÷ 5 = 50
　（答え）50 まい

5 （しき）1 − $\dfrac{1}{5}$ − $\dfrac{2}{5}$ = $\dfrac{2}{5}$

　（答え）$\dfrac{2}{5}$（本）

6 （しき）1 − $\dfrac{1}{7}$ − $\dfrac{2}{7}$ = $\dfrac{4}{7}$

　（答え）$\dfrac{4}{7}$（はこ）

7 （しき）54 ÷ 9 = 6, 2 × 6 = 12
　（答え）12 本

解 説

2 分子だけを計算します。分母はそのままにします。

(8) 1 = $\dfrac{10}{10}$ として計算します。

$$\dfrac{10}{10} - \dfrac{1}{10} = \dfrac{9}{10}$$

3 たし算，ひき算，わり算が混ざった式は，先にわり算を計算してから，左から順に計算します。

5 1 を $\dfrac{5}{5}$ としてひき算します。

7 1 つのグループの人数は，54 ÷ 9 = 6 で，6 人です。6 人が，それぞれ旗を 2 本ずつ持つので，1 つのグループで必要な旗の数は，2 × 6 = 12 より，12 本です。

1 (1) 48番目　(2) $\dfrac{2}{8}$　(3) 10こ

(4) 14こ

2 (1) ① 5　② B　③ 4　④ D

(2) 1　(3) 5

解説

1 (1) 分母と分子それぞれに分けて考えます。分母は，1，2，2，3，3，3，4，4，4，4，…と，1が1個，2が2個，3が3個，4が4個と並んでいます。分子は，1，1，2，1，2，3，1，2，3，4，…と，1から順に1つずつ増えていくように並んでいます。したがって，$\dfrac{3}{10}$は分母が10だから，$\dfrac{1}{10}$の1つ前$\left(\dfrac{9}{9}\right)$までに並ぶ分数の数は，

1＋2＋3＋4＋5＋6＋7＋8＋9＝45（個）です。$\dfrac{3}{10}$は分母が10になってから3つめの分数だから，45＋3＝48（番目）です。

(2) 1＋2＋3＋4＋5＋6＋7＝28より，分母が7の分数の最後$\left(\dfrac{7}{7}\right)$は28番目です。

よって，29番目が$\dfrac{1}{8}$，30番目が$\dfrac{2}{8}$になります。

(3) 45＋10＝55より，分母が10の分数の最後$\left(\dfrac{10}{10}\right)$は55番目です。大きさが1になる分数は，それぞれの分母の分数の最後になるので，60番目まででは，$\dfrac{1}{1}$，$\dfrac{2}{2}$，$\dfrac{3}{3}$，$\dfrac{4}{4}$，$\dfrac{5}{5}$，$\dfrac{6}{6}$，$\dfrac{7}{7}$，$\dfrac{8}{8}$，$\dfrac{9}{9}$，$\dfrac{10}{10}$の10個になります。

(4) 55＋11＋12＋13＝91より，分母が13の分数の最後$\left(\dfrac{13}{13}\right)$は91番目です。分子が1になる分数は，それぞれの分母の分数の最初になるので，100番目まででは，$\dfrac{1}{1}$，

$\dfrac{1}{2}$，$\dfrac{1}{3}$，$\dfrac{1}{4}$，$\dfrac{1}{5}$，$\dfrac{1}{6}$，$\dfrac{1}{7}$，$\dfrac{1}{8}$，$\dfrac{1}{9}$，$\dfrac{1}{10}$，

$\dfrac{1}{11}$，$\dfrac{1}{12}$，$\dfrac{1}{13}$，$\dfrac{1}{14}$の14個になります。

2 (1) 1〜9までの数について，4をかけて2をひいた答えはすべて違うので，計算Bをしたことがわかります。22＋3＝25，25÷5＝5より，5に5をかけて3をひくと，答えが22になります。

計算Cをしたとすると，3をたして7になるので，計算Aのあとの答えは，7－3＝4です。4＋2＝6より，6÷4は，答えが1〜9の数にならないので，問題に合いません。

計算Dをしたとすると，2でわって7になるので，計算Aのあとの答えは，7×2＝14です。14＋2＝16，16÷4＝4より，4に4をかけて2をひくと，答えが14になり，問題に合います。

(2) 計算Aをしたときと計算Bをしたときの答えが同じになるのは，1×4－2＝2，1×5－3＝2より，1のときです。かける数が4と5，ひく数が2と3で1ずつ違っていることから考えます。

(3) 計算Aをしたあと計算Cをしたときの答えは，

1のとき，1×4－2＋3＝5

2のとき，2×4－2＋3＝9

3のとき，3×4－2＋3＝13

と，5から4ずつ増えていくことに注目します。

同様に，計算Aをしたあと計算Dをしたときの答えは，1のとき，（1×4－2）÷2＝1

2のとき，（2×4－2）÷2＝3

3のとき，（3×4－2）÷2＝5

と，1から2ずつ増えていきます。

計算Aをしたあと計算Cをしたときの答えから，計算Aをしたあと計算Dをしたときの答えをひくと，1のとき，5－1＝4

2のとき，9－3＝6

3のとき，13－5＝8

と，4から2ずつ増えていくので，12になるのは，5のときとわかります。

■ 5章　時計や　ひょう，グラフ

14　時こくと　時間

★　標準レベル　　　　問題**104**ページ

1 (1) 12時25分　(2) 9時4分
　　(3) 4時47分　(4) 8時38分

2

3 (1) 60　(2) 24　(3) 12
　　(4) ① 午前　② 午後

4 8時間

5 (1) 9時5分　(2) 9時35分
　　(3) 8時45分　(4) 10時5分

6 2時51分

解説

1 長針と短針の区別をつけられるようにしましょう。短針がさしている数字が「時」，長針がさしている数字が「分」となります。

4 家を出てから，正午までの時間と，正午から家に帰るまでの時間に分けます。午前は，午前8時から正午までの4時間，午後は，正午から午後4時までの4時間だから，4＋4＝8で8時間です。

5 前の時刻を知りたいときにはひき算，後の時刻を知りたいときにはたし算を使います。

(3) 9時15分から30分をひくことはできないので，1時間＝60分だから60＋15＝75より，8時75分－30分＝8時45分と計算することができます。

(4) 9時15分＋50分＝9時65分となり，1時間＝60分だから，65－60＝5より，10時5分となります。

6 2時35分に学校を出て，16分で家に着くので，2時35分＋16分＝2時51分と計算することができます。

★★　上級レベル　　　　問題**106**ページ

1 (1) 3　(2) 60　(3) 150　(4) 48　(5) 190
　　(6) ① 2　② 15　(7) 4　(8) 165

2 (1) 1時間15分　(2) 4時間35分
　　(3) 5時間10分　(4) 2時間48分
　　(5) 44分

3 3回

4 (1) かいとさん13分，そうたさん25分
　　(2) 12分

5 8時13分

6 4時間5分

解説

1 (6) 60分×2＝120分だから，135－120＝15より，2時間15分とわかります。

2 時間と分はそれぞれで計算します。

(2) 1時間＋2時間＝3時間，45分＋50分＝95分です。60分＝1時間だから，95－60＝35より，3時間＋1時間＝4時間とし，4時間35分となります。

(4) 5時間24分＝4時間84分だから，4時間－2時間＝2時間，84分－36分＝48分ですので，2時間48分となります。

3 長針が1回まわると，1時間たちます。
9－6＝3だから3時間たつには，長針は3回まわります。

4 (1) かいとさんは，7時58分－7時45分＝13分，そうたさんは，8時10分－7時45分＝7時70分－7時45分＝25分かかります。

(2) 違いは，25分－13分＝12分となります。

5 あおいさんが家を出たのは7時10分＋45分＝7時55分です。そこから18分かけて学校へ行くので，7時55分＋18分＝7時73分だから，73－60＝13より，8時13分に学校に着きます。

6 家を出て，帰るまでの時間は，正午までは1時間50分，正午からは2時間45分なので，1時間50分＋2時間45分＝3時間95分＝4時間35分です。行きと帰りにかかる時間の合計は15分×2＝30分だから，図書館には4時間35分－30分＝4時間5分いたことになります。

1 (1) 6 時間 21 分　(2) 2 時間 25 分
　　(3) 3 時間 56 分　(4) 2 時間 10 分
　　(5) 9 時間
2 (1) ① 11　② 25　(2) ① 27　② 10
　　(3) ① 30　② 36　(4) 174
3 3 時間 50 分
4 11 時 20 分
5 7 時 32 分

解説

1 (4) 1 時間 × 2 ＝ 2 時間，5 分 × 2 ＝ 10 分
だから，2 時間 10 分です。

(5) 2 時間 × 4 ＝ 8 時間，15 分 × 4 ＝ 60 分な
ので，60 分 ＝ 1 時間だから，8 時間 ＋ 1 時
間 ＝ 9 時間となります。

2 (1) 正午 ＝ 12 時だから，午前 7 時 15 分から
正午までは 12 時 － 7 時 15 分 ＝ 4 時間 45 分，
正午から午後 6 時 40 分までは 6 時間 40 分
あるから，4 時間 45 分 ＋ 6 時間 40 分 ＝ 10
時間 85 分 ＝ 11 時間 25 分となります。

(2) 1 日 ＝ 24 時間だから，午前 6 時 25 分から
午前 9 時 35 分までの時間に 24 時間をたし
ます。9 時 35 分 － 6 時 25 分 ＝ 3 時間 10
分だから，24 時間 ＋ 3 時間 10 分 ＝ 27 時間
10 分だとわかります。

(3) まず午前 8 時 46 分から午後 3 時 22 分まで
の時間を計算します。午前 8 時 46 分から正
午までの時間は 12 時 － 8 時 46 分 ＝ 3 時間
14 分，正午から午後 3 時 22 分までの時間
は 3 時間 22 分だから，3 時間 14 分 ＋ 3 時
間 22 分 ＝ 6 時間 36 分となります。これに
24 時間をたすと，24 時間 ＋ 6 時間 36 分 ＝
30 時間 36 分とわかります。

(4) 午前 11 時 28 分から正午までの時間は，12
時 － 11 時 28 分 ＝ 32 分，正午から午後 2
時 22 分までの時間は 2 時間 22 分ですので，
32 分 ＋ 2 時間 22 分 ＝ 2 時間 54 分となりま
す。「分」で答えるので，2 時間 ＝ 120 分
だから，120 分 ＋ 54 分 ＝ 174 分となります。

3 ななみさんが水族館に着いてからイルカの
ショーを見るまでの時間を求めます。ななみさん
は，午前 10 時 15 分に水族館に着き，午後 2 時
40 分からのイルカのショーを見るので，正午ま
では 12 時 － 10 時 15 分 ＝ 1 時間 45 分，正午
からは 2 時間 40 分あるので，合わせると，1 時
間 45 分 ＋ 2 時間 40 分 ＝ 3 時間 85 分 ＝ 4 時間
25 分となります。その時間の中で，昼ごはんに
35 分かけるので，ななみさんが生き物を見てま
わることができるのは，4 時間 25 分から 35 分
をひいて，4 時間 25 分 － 35 分 ＝ 3 時間 85 分
－ 35 分 ＝ 3 時間 50 分となります。

4 ゆうまさんは家から公園まで，お父さんの 3
倍の時間がかかっているので，6 × 3 ＝ 18 より，
18 分かかったことになります。ですので，ゆう
まさんは，11 時 12 分 － 18 分 ＝ 10 時 72 分 －
18 分 ＝ 10 時 54 分より，10 時 54 分に家を出
たことになります。お父さんは，ゆうまさんが家
を出た 20 分後に家を出て，その 6 分後に公園に
着いているので，10 時 54 分 ＋ 20 分 ＋ 6 分 ＝
10 時 80 分 ＝ 11 時 20 分より，11 時 20 分に
公園に着いたことがわかります。

5 昨日は一昨日よりも 30 分間多く寝ており，
10 分はやく寝ているので，昨日の時点で一昨日
よりも 10 分多く寝ていることになります。です
ので，30 分 － 10 分 ＝ 20 分より，今日は昨日
よりも 20 分遅く起きたことがわかります。昨日
は午前 7 時 12 分に起きているので，7 時 12 分
＋ 20 分 ＝ 7 時 32 分より，今日は 7 時 32 分に
起きたことがわかります。

―― 中学入試に役立つ **アドバイス** ――

時間の計算は，日常生活の中で，時計を意
識することが大切です。普段のコミュニケー
ションの中で，○分前，○分後を考えるよう
な声かけも有効でしょう。
また，1 日を 24 時間表記(午後 2 時 ＝ 14 時)
ができるようになると，正午を挟む時間の計
算が楽になります。

15 ひょうと グラフ

1 (1)

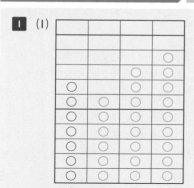

(2)
マーク	♠	♥	♣	◆
数	7	6	8	9

(3) ◆ (4) 2つ

2 (1)

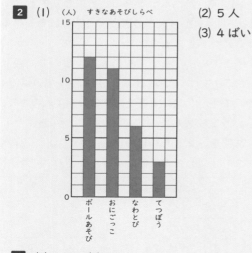

(2) 5人
(3) 4 ばい

3 (1) 2人 (2) 33人

解説

3 (1) 5目盛りで10人と読み取れるので, 2 × 5 = 10より, 1目盛りは2人とわかります。

(2) グラフより, カレーライスが好きな人は10人, ラーメンが好きな人は8人, やきそばが好きな人は5人, ハンバーグが好きな人は4人, その他が好きな人は6人と読み取れるので, 10 + 8 + 5 + 4 + 6 = 33より, 2組の人数は33人となります。

1
しゅるい＼組	1組	2組	合計
犬	7	10	17
ねこ	12	11	23
ハムスター	9	5	14
合計	28	26	54

2 (1) 4人 (2) 4ばい

3 (1) 200円 (2) 600円 (3) 2ばい

4 (1) ① 17 ② 5 ③ 22 ④ 13 ⑤ 4
⑥ 40 ⑦ 61 ⑧ 149
(2) 夏休み

解説

2 (1) 点数が6点より多いのは, 7点, 8点, 9点, 10点の人で, それぞれの人数をグラフから読み取ると, 5人, 4人, 3人, 2人だから, 合計は, 5 + 4 + 3 + 2 = 14より14人です。また, 6点より少ないのは, 5点, 4点, 3点の人で, 同様にそれぞれの人数は5人, 3人, 2人だから, 5 + 3 + 2 = 10より, 10人です。人数のちがいは, 14 − 10 = 4より, 4人です。

(2) 全体の人数は32人で, 6点の人の人数は8人ですから, 8 × 4 = 32より, 4倍です。

3 (1) 4000 − 3000 = 1000より, 5目盛りで1000円を表しているので, 200 × 5 = 1000より, 1目盛りは200円とわかります。

(2) グラフを見ると, そうたさんとかえでさんは3目盛りのちがいがあります。200 × 3 = 600より, 600円多くもらったことがわかります。

(3) そらさんとそうたさんの金額のちがいは, 6目盛り, そらさんとかえでさんの金額のちがいは3目盛りですので, 3 × 2 = 6より2倍です。

4 (1) 縦と横の列を見て, 1ますだけ空いている列から求めます。⑤を含む横の列を見ると, 合計が15だから, ⑤は15 − 4 − 7 = 4です。

(2) 春休み, 夏休み, 冬休みに借りた本の数はそれぞれ40冊, 61冊, 48冊だから, いちばん多いのは61冊の夏休みです。

1 (1) ①5人　②10人　③22人
　　　　④19人　⑤34人
　　(2) 22人　(3) 7人
2 (1) 30人
　　(2) (しき) 17－7－6－2＝2
　　　　(答え) 2人
3 (1) 3回目　(2) 2, 3　(3) 1, 15
4 (1)

	おむすび	おすし	計
お茶	17	6	23
ジュース	7	0	7
計	24	6	30

　　(2) 23人

解説

1 縦と横の列で1ますだけ空いている部分から計算します。
(1) ① 12－7＝5　② 15－5＝10
　　③ 10＋12＝22　④ 7＋12＝19
　　⑤ 15＋19＝34
(2) 納豆がきらいな人は、③の人数なので、22人です。
(3) 牛乳がきらいな人は全部で④の19人いますが、そのうち、納豆が好きな人は7人、納豆がきらいな人は12人と読み取ることができます。ですので、牛乳はきらいだが納豆は好きな人は7人であるとわかります。

2 (1) 表の人数をすべてたします。
　　1＋3＋2＋9＋7＋6＋2＝30（人）
(2) ③の問題を正解すると5点もらえるので、得点が0点、2点、3点の人は③の問題には正解していません。また、得点が5点の人は①2点と②3点を正解した人と、③5点のみ正解した人に分かれます。そして、得点が7点の人は①2点と③5点を正解し、得点が8点の人は②3点と③5点を正解、得点が10点の人は全問正解したことがわかります。つまり、7～10点の人は必ず③を正解しているので、③と他の問題を正解した合計人数は7＋6＋2＝15より15人です。③の問題に

正解した人は17人ですから、17－15＝2より、得点が5点の人のうち、③5点のみ正解した人は2人とわかります。

3 (1) グラフが同じ高さの部分が、国語と算数が同じ点数になったときです。
(2) 算数の点数は、1回目から順に60点、70点、70点、80点と読み取ることができます。したがって、算数の点数が同じだったのは、2回目と3回目であるとわかります。
(3) 2目盛りで10点ずつ増えているので、1目盛りは5点です。1回目は国語と算数のグラフのちがいは3目盛り、2回目のちがいは2目盛り、3回目のちがいは0目盛り、4回目のちがいは2目盛りです。ちがいがいちばん大きいのは、1回目の3目盛りであるとわかるので、1目盛り5点ですから、5×3＝15（点）のちがいがあることになります。

4 (1) 問題文から、下の表の①～⑤に数を入れることができます。
①30人分の注文をまとめているので、合計が30です。②おむすびを注文したのは24人です。③おむすびを注文した24人の中で、お茶を注文したのは17人です。④おすしとお茶を注文したのは6人、⑤おすしとジュースを注文した人はいなかったので0人です。

	おむすび	おすし	計
お茶	③ 17	④ 6	⑥
ジュース	⑦	⑤ 0	⑧
計	② 24	⑨	① 30

①～⑤の数から、⑥～⑨を求めます。
⑥ 17＋6＝23、⑦ 24－17＝7、
⑧ 7＋0＝7、⑨ 6＋0＝6
(2) (1)の表から、23人であるとわかります。

┌─ 中学入試に役立つ **アドバイス** ─┐
1 や **4** のような表では、縦の列、横の列からそれぞれ空白のますの数を計算することができます。例えば、縦の列で空白のますを計算したら、横の列でもその数があてはまるか計算するとよいでしょう。求めた数が正解しているのか確かめることができます。
└────────────────┘

1　(1) 4　(2) 300　(3) 190　(4) 24
　　(5) 252　(6) ① 1　② 14　(7) 3　(8) 205

2　(1) 2こ　(2) 14こ　(3) 2ばい

3　2時30分

4　午前11時55分

5　① 17　② 15　③ 11　④ 6
　　⑤ 20　⑥ 2　⑦ 31　⑧ 96

解　説

1 (3) 1分＝60秒だから，3分＝180秒となり，
3分10秒＝180秒＋10秒＝190秒です。

2 (2) あいこさんとゆうなさんのちがいは，グラ
フから読み取ると，7目盛りです。1目盛り
が2個を表しているので，2×7＝14より，
14個とわかります。

(3) かえでさんとさらささんのちがいは4目盛り
分，かえでさんとあいこさんのちがいは2目
盛り分です。2×2＝4より，2倍となります。

3 図が表しているのは1時42分だから，その
48分後は，1時42分＋48分＝1時90分より，
1時60分＋30分＝2時30分です。

4 かいとさんは，公園から10分歩いて，待ち
合わせをした店に午後1時ちょうどに着いたか
ら，公園を出たのは，午後1時－10分＝午後0
時50分です。公園では40分間遊んだので，公
園に着いたのは，午後0時50分－40分＝午後
0時10分です。遊んだ公園は，家から15分歩
いたところにあるので，家を出たのは，午後0
時10分－15分＝午前11時70分－15分＝
午前11時55分となります。

5 横の行，縦の列を見て，1ますだけ空いてい
る行や列から計算します。カレーライスの行に注
目して，⑤は，8＋7＋5＝20となります。また，
その他の行に注目すると，1＋3＋⑥＝6より，
⑥は2とわかります。さらに，縦の列で，1組
の列に注目すると，12＋③＋8＋1＝32より，
③は11となります。同様に，他のますも計算で
きます。

1　(1) ① 6　② 21　(2) ① 2　② 45
　　(3) ① 53　② 29
　　(4) ① 9　② 2　③ 54
　　(5) ① 1　② 59　③ 40

2　(1) 5分　(2) 40分

3　(1) 64人　(2) 3ばい

4　8時45分

5　(1) みなとさん16分，はるなさん28分
　　(2) 12分

解　説

1 (4) 5時間38分19秒＋3時間24分35秒
＝8時間62分54秒＝9時間2分54秒です。

(5) 4時間23分38秒－2時間23分58秒
＝3時間83分38秒－2時間23分58秒
＝3時間82分98秒－2時間23分58秒
＝1時間59分40秒となります。

2 (2) テレビを見た時間がいちばん長かったの
は土曜日，いちばん短かったのは水曜日です。
グラフから，土曜日と水曜日の目盛りのちが
いは8目盛りで，1目盛りは5分だから，
5×8＝40より，ちがいは40分です。

3 表にすべて書きこむと，下のようになります。

教科	1組	2組	合計
国語（こくご）	16	12	28
算数（さんすう）	12	15	27
生活（せいかつ）	5	4	9
合計（ごうけい）	33	31	64

(2) 表から，算数が好きな人は27人，生活が好
きな人は9人です。9×3＝27より，3倍
です。

4 8時10分＋16分＋7分＋12分＝8時45分

5 (1) みなとさんは，11時51分－11時35分
＝51分－35分＝16分，はるなさんは，12
時3分－11時35分＝11時63分－11時
35分＝63分－35分＝28分かかります。

(2) 大きい数から小さい数をひくので，
28－16＝12より，12分とわかります。

■ 6章　長さ・かさ・形

16　長さ

★　標準レベル　問題120ページ

1 (1) 2　(2) 50　(3) 62　(4) 630　(5) 50
　(6) ① 800　② 8000　(7) 125
　(8) ① 3　② 17

2 (1) <　(2) =　(3) =　(4) >　(5) <
　(6) =　(7) <　(8) <

3 (1) 80　(2) 24　(3) ① 8　② 1
　(4) ① 4　② 7　(5) ① 6　② 29
　(6) ① 1　② 78

4 （しき）3 + 3 + 4 + 5 = 15
　（答え）15cm

5 （しき）5 × 8 = 40
　（答え）40cm

解　説

1 1cm = 10mm, 1m = 100cm, 1m = 1000mm
(6) 8m = 800cm だから, 1cm = 10mm から 800cm
　= 8000mm, または, 1m = 1000mm から 8m
　= 8000mm と求めることができます。

2 (1) 3cm1mm = 31mm です。
(3) 6cm7mm = 67mm です。
(4) 602mm = 60cm2mm です。
(5) 18cm = 180mm です。
(6) 4m32cm = 432cm です。
(7) 2m2mm = 200cm2mm です。
(8) 312cm = 3m12cm です。

3 (3) 5cm7mm + 2cm4mm = 7cm11mm より,
　11mm = 1cm1mm だから, 8cm1mm です。
(4) 7cm2mm = 6cm12mm だから, 6cm12mm
　− 2cm5mm = 4cm7mm となります。
(5) 3m74cm + 2m55cm = 5m129cm となり,
　129cm = 1m29cm だから, 6m29cm です。
(6) 6m36cm = 5m136cm だから,
　5m136cm − 4m58cm = 1m78cm となります。

4 図の長さをすべてたすと, 3 + 3 + 4 + 5 =
15 より, 図のまわりの長さは 15cm とわかります。

5 リボンを同じ長さに切って, 1本の長さが
5cm のリボンがちょうど 8本できるから, 5 ×
8 = 40 より, はじめのリボンの長さは 40cm です。

★★　上級レベル　問題122ページ

1 (1) キロメートル　(2) ① 950　② 1100
　(3) 4020　(4) ① 6　② 718　(5) 3224
　(6) 3022

2 (1) 8　(2) 4　(3) ① 2　② 360
　(4) ① 9　② 250　(5) ① 6　② 700
　(6) ① 2　② 550

3 (1) mm　(2) m　(3) km　(4) m　(5) cm

4 （しき）20 + 20 − 2 = 38
　（答え）38cm

5 （しき）18 + 18 = 36
　（答え）36cm

解　説

1 (2) 家から学校までの道のりは, 500m +
　600m = 1100m です。
(3) 4km20m = 4000m + 20m = 4020m です。
(4) 6000m = 6km ですので, 6km718m です。
(5) 3km = 3000m ですので, 3224m です。
(6) 3m2cm2mm = 3000mm + 20mm + 2mm =
　3022mm です。

2 (1) 7 × 8 = 56 より, 8km です。
(2) 800m × 5 = 4000m = 4km です。
(4) 6km730m + 2km520m = 8km1250m となり,
　1250m = 1km250m より, 9km250m です。
(5) 10km680m = 9km1680m より,
　9km1680m − 3km980m = 6km700m です。
(6) 8km = 7km1000m だから, 7km1000m −
　5km450m = 2km550m となります。

3 日常生活の中で定規で測れるもの, メジャー
で測るものなど, 想像しながら答えます。
(1) えんぴつのしんの太さは 1cm よりも小さいか
　ら, mm で表します。
(3) 車は時速 60km などで走るから, 1時間に走
　る道のりは km で表します。

4 20cm のテープ 2本を, 2cm ののりづけで重ね
るので, 2本目のテープをつなげると, テープは
20 − 2 = 18（cm）長くなります。つなげたテー
プの長さは, 20 + 18 = 38（cm）となります。

5 図のまわりの長さは, ━ が 6本で
3 × 6 = 18 より 18cm, ┃ が 6本で同様に
18cm だから, 18 + 18 = 36（cm）です。

1 (1) ① 7 ② 24 (2) ① 2 ② 11

(3) ① 31 ② 5 (4) 1

(5) ① 5 ② 200 (6) ① 5 ② 900

2 (1) （しき）

4km600m ＋ 3km800 ＝ 8km400m

（答え）8km400m

(2) （しき）

4km500m ＋ 6km ＝ 10km500m

3km800m ＋ 4km800m ＝ 8km600m

10km500m － 8km600m ＝ 1km900m

（答え）1km900m

3 （しき）

720m＋4km420m＋280m＝5km420m

（答え）5km420m

4 （しき）13 ＋ 11 ＋ 11 ＋ 11 ＋ 11 ＋

11 ＋ 11 ＋ 11 ＋ 11 ＝ 101

（答え）1m1cm

5 （しき）13m32cm ＋ 43cm ＝ 13m75cm

13m75cm － 57cm ＝ 13m18cm

13m18cm ＋ 12cm ＝ 13m30cm

13m32cm ＋ 13m75cm ＋

13m18cm ＋ 13m30cm ＝

53m55cm

（答え）53m55cm

解　説

1 1cm ＝ 10mm, 1m ＝ 100cm, 1km ＝ 1000m

(4) 500m × 6 ＝ 3000m ＝ 3km

200m × 10 ＝ 2000m ＝ 2km です。

(5) 800m ÷ 2 ＝ 400m, 600m × 8 ＝ 4800m だから, 400m ＋ 4800m ＝ 5200m ＝ 5km200m です。

(6) 2km × 4 ＝ 8km ＝ 8000m, 300m × 7 ＝ 2100m より, 8000m － 2100m ＝ 5900m ＝ 5km900m

2 (1) 家から駅までは 4km600m, 駅から図書館までは 3km800m だから,

4km600m＋3km800m＝7km1400m＝8km400m より, 8km400m となります。

(2) 学校から病院を通って駅まで行く道のりは, 4km500m ＋ 6km ＝ 10km500m で, 駅から図書館を通って学校まで行く道のりは,

3km800m ＋ 4km800m ＝ 7km1600m ＝ 8km600m だから, これらの道のりのちがいは, 10km500m － 8km600m ＝ 9km1500m － 8km600m ＝ 1km900m より, 1km900m であるとわかります。

3 ゆうとさんの家から近くの駅までの道のりは 720m, その駅からおばさんの家の近くの駅までが 4km420m, さらに降りた駅から 280m の道のりを歩くとおばさんの家に着くので, 道のりは, 720m ＋ 4km420m ＋ 280m ＝ 4km1420m ＝ 5km420m より, 5km420m となります。

4 長さ 13cm のリボンを 2cm をのりしろにしているので, 1本目のリボンに 2本目のリボンをつなぐと, 13cm － 2cm ＝ 11cm より, 全体の長さは 11cm 長くなります。9本つなぐと,

13＋11＋11＋11＋11＋11＋11＋11＋11＝101 または 13＋11×8＝101 より, 101cm ＝ 1m1cm

（別解）

13cm のリボン9本をつなげると, 13 × 9 ＝ 117（cm）となりますが, 2cm ののりしろが 8か所あるので, 2 × 8 ＝ 16（cm）をひいて, 117cm － 16cm ＝ 101cm ＝ 1m1cm となります。

──── 中学入試に役立つ **アドバイス** ────

のりしろを〇 cm にして, □ cm のリボンを △本つないだときの全体のリボンの長さは,

↓のりしろをひいた長さ

□＋（□－〇）×（△－1）

↑1本目の長さ　　↑1本目以外のリボンの本数

で求めることができます。

5 はるきさんは 13m32cm で, つむぐさんは, はるきさんよりも 43cm 長いから,

13m32cm ＋ 43cm ＝ 13m75cm です。また, みゆさんは, つむぐさんよりも 57cm 短いので,

13m75cm － 57cm ＝ 13m18cm です。はるなさんは, みゆさんよりも 12cm 長いので,

13m18cm ＋ 12cm ＝ 13m30cm です。

4人の合計の長さは,

13m32cm ＋ 13m75cm ＋ 13m18cm ＋ 13m30cm ＝ 52m155cm ＝ 53m55cm より, 53m55cm となります。

17 かさ

★ 標準レベル 問題126ページ

1 (1) 2 (2) 8 (3) 40 (4) 170

2 (1) 4 (2) ① 2 ② 4 (3) 62 (4) 5
(5) 7000 (6) 200

3 (1) < (2) > (3) = (4) >

4 ウ→イ→ア

5 (1) 9 (2) 4 (3) 8 (4) 6
(5) 500 (6) 640

6 (1) （しき）200 ＋ 500 ＝ 700
（答え）700mL
(2) （しき）500 － 200 ＝ 300
（答え）300mL

解 説

1 1L ＝ 10dL，1dL ＝ 100mL，1L ＝ 1000mL
(2) 10dL ＝ 1L だから，1目盛り1dL であると
わかります。
(3) 100mL ＝ 1dL だから，1目盛り10mL であ
るとわかります。

2 (2) 24dL ＝ 20dL ＋ 4dL ＝ 2L ＋ 4dL です。
(3) 6L2dL ＝ 60dL ＋ 2dL ＝ 62dL です。
(5) 1L ＝ 1000mL だから，7L ＝ 7000mL です。
(6) 1dL ＝ 100mL だから，2dL ＝ 200mL です。

3 (1) 4L ＝ 40dL だから，35dL<4L です。
(2) 2L ＝ 2000mL だから，2L>1800mL です。
(3) 1dL ＝ 100mL だから，5dL ＝ 500mL です。
(4) 3L7dL ＝ 3L700mL だから，
3L7dL>3L70mL です。

4 ア，イ，ウの水のかさは高さが同じなので，容
器の底面の大きさが大きければ，かさが大きくな
ります。容器の底面が大きい順に並べると，ウ→
イ→アとなり，水のかさが大きい順もウ→イ→ア
となります。

6 (1) ジュースの 200mL とお茶の 500mL の
かさをたします。200 ＋ 500 ＝ 700 より，
700mL です。
(2) お茶のかさのほうが大きいので，お茶の
500mL からジュースの 200mL のかさをひき
ます。500 － 200 ＝ 300 より，300mL です。

★★ 上級レベル 問題128ページ

★★ 上級レベル

1 (1) (2)

2 (1) 320 (2) 20 (3) 8400 (4) 500

3 (1) ① 7 ② 8 (2) ① 4 ② 2
(3) ① 1 ② 220 (4) ① 9 ② 9
(5) ① 1 ② 8 (6) ① 5 ② 2

4 (1) （しき）180 ＋ 200 ＋ 160 ＝ 540
（答え）540mL
(2) （しき）180 ＋ 160 ＝ 340
340 － 200 ＝ 140
（答え）140mL

5 (1) （しき）180 ＋ 180 ＝ 360
（答え）360mL
(2) （しき）2L － 360mL － 240mL ＝
1L400mL
（答え）1L400mL

解 説

1 (2) 10dL ＝ 1L です。

2 (1) 1L ＝ 10dL だから，32L ＝ 320dL です。
(3) 8L4dL ＝ 8L ＋ 4dL ＝ 8000mL ＋ 400mL
＝ 8400mL です。
(4) 10dL ＝ 1L だから，5000dL ＝ 500L です。

3 同じ単位のものをたしたりひいたりします。
(5) 7dL＋5dL＋6dL＝18dL＝10dL＋8dL＝1L8dL
(6) 10L2dL － 3L7dL － 1L3dL ＝ 9L12dL －
3L7dL － 1L3dL ＝ 5L2dL

4 (2) 家で飲んだのは，180 ＋ 160 ＝ 340 よ
り 340mL です。かさのちがいは
340 － 200 ＝ 140 より，140mL です。

5 (2) 昨日の夜，りなさんと妹で合わせて
360mL 飲み，今日の朝にお父さんが 240mL
飲んだので，最初の 2L からひきます。
2L － 360mL － 240mL
＝ 1L1000mL － 360mL － 240mL
＝ 1L400mL より，1L400mL です。

1 (1) 12 (2) ① 6 ② 240
(3) ① 9 ② 4 (4) ① 9 ② 690
(5) ① 2 ② 760 (6) 400
(7) ① 3 ② 330 (8) 7

2 (1) （しき）1000 − 160 − 160 − 160 −
160 − 160 − 160 = 40
（答え）6 こ，40mL
(2) （しき）160 − 40 = 120
（答え）120mL

3 (1) （しき）380 + 90 = 470
470 − 100 = 370
（答え）370mL
(2) （しき）470 − 370 = 100
（答え）100mL
(3) （しき）500 × 3 = 1500，1500 −
380 − 470 − 370 = 280
（答え）280mL

4 (1) （しき）1500 − 400 − 400 − 400
= 300，3 + 1 = 4
（答え）4 日
(2) （しき）1500 + 1500 = 3000，
2 + 1 = 3
（答え）3 本

解説

1 (3) 4L7dL × 2 = 8L14dL = 9L4dL
(5) 3L + 260mL − 5dL = 2L1000mL + 260mL
− 500mL = 2L760mL
(6) 6L3dL + 3L☐mL = 9L7dL で，6L + 3L
= 9L だから，3dL + ☐mL = 7dL とわか
ります。3 + 4 = 7 より，3dL + 4dL = 7dL
ですので，4dL = 400mL です。
(7) 8L530mL − ☐L☐mL = 5L2dL より，
530mL − ☐mL = 2dL = 200mL だから，
530 − 330 = 200 より，330mL です。また，
8L − ☐L = 5L より，8 − 3 = 5 で 3L です。
(8) 4290mL − 3L2dL
= 4290mL − 3200mL = 1090mL だから，
1090mL + ☐L = 8L90mL = 8090mL です。
1090 + 7000 = 8090 より，7000mL = 7L

2 (1) 160mL のカップに分けていくので，カッ
プ 2 つに分けると，1000 − 160 − 160 =
680 より 680mL あまります。同様に，3 つ
のカップに分けると，1000 − 160 − 160
− 160 = 520，同様に続けて，6 つのカッ
プに分けると 1000 − 160 − 160 − 160
− 160 − 160 − 160 = 40 となるので，6
個できて，40mL あまります。
(2) (1)で残ったペンキは 40mL だから，160mL
のカップを作るためには，これらのかさのち
がいの分だけペンキが必要です。したがって，
160 − 40 = 120 より，120mL あればもう
1 つカップを作ることができます。

3 (2) いちばんたくさん飲んだのは，ここねさ
んの 470mL，いちばん少なかったのは，か
えでさんの 370mL です。かさのちがいは，
470 − 370 = 100 より，100mL です。
(3) 3 人はジュースを 500mL ずつもらったので，
合わせて 500 × 3 = 1500（mL）あります。
それぞれ 380mL，470mL，370mL ずつ飲
んだので，残ったジュースは，1500 − 380
− 470 − 370 = 280（mL）です。

4 (1) 1L500mL = 1500mL ですので，1 日あた
り 400mL ずつまいていくと，1 日使うと，
1500 − 400 = 1100 より，残りは 1100mL
となります。2 日使うと，1100 − 400 = 700
より，残りは 700mL となります。そして 3 日
使うと，700 − 400 = 300 より，残りは
300mL となります。4 日目にその残った
300mL をまいて使い終わることになります。
(2) 10 日間，毎日 400mL ずつ肥料をまくには，
400 × 10 = 4000 より，4000mL の肥料
が必要です。肥料はボトル 1 本に 1L500mL
= 1500mL 入っていますから，2 本だと，
1500 + 1500 = 3000 より，3000mL です。
3 本だと 1500 + 1500 + 1500 = 4500mL
となり，必要な 4000mL をこえてしまいま
すが，2 本では 3000mL となり肥料がたりな
いので，もう 1 本必要になります。したがって，
1L500mL のボトルが 3 本とわかります。

1 (1) ちょう点 (2) へん

2 (1) ① 3 ② 3 (2) ① 4 ② 4
(3) 直角

3 イ, オ

4 ア, カ

5 (1) ア, ウ, ク (2) イ, オ, カ, キ, コ
(3) キ (4) コ (5) ウ

6 ① 4cm ② 4cm ③ 4cm ④ 6cm
⑤ 3cm

解 説

1 三角形や四角形をつくる, まっすぐな線を, 辺といい, その辺が交わる角の点を頂点といいます。

2 (3) 四角形の中でも, 正方形と長方形の角はすべて直角です。

3 方眼紙の線は, すべて直角に交わっているので, それを利用して直角を探します。

ア, ウは, 方眼紙の交わる角よりも小さい角なので, 直角ではありません。

イは方眼紙の線と重なっているので, 直角です。

エは, 方眼紙の交わる角よりも大きい角なので, 直角ではありません。

オは, 方眼紙の線と重なってはいませんが, 2つの線が, 方眼紙の直角を半分に分けています。2つの直角を2つの線が半分に分けているので, オの角は直角だとわかります。

5 (1) エは三角形のように見えますが, 左下の辺がつながっておらず, 三角形とはいえません。

(2) ケは四角形のように見えますが, 角が丸くなっているので, 四角形とはいえません。

(3) (2)の中で, 辺の長さが同じで, 角がすべて直角のものを選びます。

(4) (2)の中で, 角がすべて直角のものを選びます。

(5) (1)の中で, 1つの角が直角のものを選びます。

6 正方形は, 4つの辺がすべて同じ長さ, 長方形は, 向かい合う辺の長さが同じです。

1 (1) 5こ (2) 6こ (3) 8こ

2 (1) 1cm (2) 4こ (3) 14こ

3 三角形と四角形

4 (1) (しき) $3 \times 4 = 12$
(答え) 12cm

(2) (しき) $5 + 5 + 3 + 3 = 16$
(答え) 16cm

(3) (しき) $3 + 4 + 5 = 12$
(答え) 12cm

5 4こ

6 (しき) $12 - 2 = 10$, $12 - 4 = 8$
$10 + 8 + 8 + 8 + 10 = 44$
(答え) 44cm

解 説

1 (1) 小さい三角形が3個, 小さい三角形を2つつなげた三角形が1個, 大きい三角形が1個あります。

4 (1) 正方形は4つの辺の長さが同じなので, この正方形は4つの辺の長さが3cmとわかります。したがって, $3 \times 4 = 12$ (cm) です。

(2) 長方形は向かい合う辺の長さがそれぞれ同じなので, この長方形は, 4つの辺が5cm, 5cm, 3cm, 3cmであるとわかります。したがって, $5 + 5 + 3 + 3 = 16$ より, 16cm です。

(3) 三角形は, 3つの辺でできているので, $3 + 4 + 5 = 12$ より, 12cm となります。

6 5つの正方形のうち, いちばん左といちばん右の正方形の太線の長さは同じです。この長さは, 1つの正方形のまわりの長さ12cmから2cmのぞいた長さになるので, $12 - 2 = 10$(cm) です。また, 真ん中にある3つの正方形の太線の長さは同じです。この長さは, 1つの正方形のまわりの長さ12cmから4cmのぞいた長さになるので, $12 - 4 = 8$ (cm) です。したがって, まわりの長さは, $10 + 8 + 8 + 8 + 10 = 44$(cm) です。

(別解) 全体 $3 \times 4 \times 5 = 60$ (cm) から, 1cmの正方形4個分の長さをひいても求められます。

1 (1) （しき）$4 × 4 = 16$

　　　（答え）16cm

(2) （しき）$6 × 4 = 24$

　　　（答え）24cm

(3) （しき）$2 + 2 + 6 + 6 = 16$

　　　（答え）16cm

(4) （しき）$2 + 2 + 8 + 8 = 20$

　　　（答え）20cm

2 10こ

3

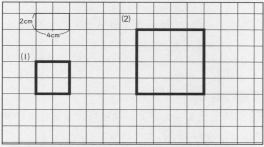

　　(1) 4cm　(2) 8cm

4 (1) 直角三角形　(2) 直角三角形

解　説

1 (1) 右の図のように並べます。1辺が4cmの正方形だから、$4 × 4 = 16$ より、16cmです。

(2) 右の図のように並べます。1辺が6cmの正方形だから、$6 × 4 = 24$ より、24cmとなります。

(3) 右の図のように並べます。縦の長さが2cm、横の長さが6cmの長方形だから、$2 + 2 + 6 + 6 = 16$ より、16cmとなります。

(4) 右の図のように並べます。縦の長さが2cm、横の長さが8cmの長方形だから、$2 + 2 + 8 + 8 = 20$ より、20cmとなります。

2 最も小さい直角三角形は8個です。最も小さい直角三角形を4個合わせて大きな直角三角形が2個できているので、$8 + 2 = 10$個です。

3 (1) 縦2cm、横4cmの長方形を上下に2個並べると、1辺が4cmの正方形ができます。

(2) 縦2cm、横4cmの長方形を上下に4個、左右に2個になるように並べます。すると、1辺の長さが8cmの正方形ができます。

4 (1) イとエが重なるように折ると、折り目はアとウを結んだ直線になります。辺アエと辺アイはぴったりと重なり、同様に辺エウと辺イウもぴったりと重なります。できあがる図形は、ア、ウ、イ（エ）を頂点とする三角形です。そして、角イ（エ）は直角だから、できあがる図形は、直角三角形だとわかります。

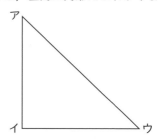

(2) (1)でできた直角三角形をさらにアとウが重なるように折ります。アとウの真ん中の点をオとすると、できあがる図形は、ア（ウ）、イ、オを頂点とする三角形です。そして、角オは直角だから、できあがる図形は、直角三角形だとわかります。

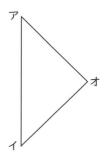

— **中学入試に役立つ アドバイス** —

図形の問題では、折り紙や画用紙を使って、作業をしてみるとよいでしょう。どの辺とどの辺が重なり、どの頂点とどの頂点が重なるのか、体験することで、さらに理解が深まります。

3 では、縦2cm、横4cmの長方形をたくさん作り、並べるのもよいでしょう。

問題138ページ

★　標準レベル

1 (1) 2　(2) 2　(3) 3　(4) 3
2 イ，ウ
3 ① 4cm　② 4cm　③ 5cm
4 (1)　　　　　　　　　　(2)

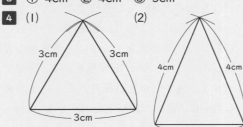

3cm　3cm
3cm

4cm　4cm
3cm

5 (1) ア，カ　(2) ウ　(3) エとオ，アとカ
6 (1) ②，③　(2) ②

解説

1 二等辺三角形は，２つの辺と２つの角がそれ
ぞれ同じ長さ，大きさです。また，正三角形は，
３つの辺と３つの角がそれぞれ同じ長さ，大き
さです。

2 アとエは，どの２つの辺を比べても，同じ長
さの辺はありませんので，二等辺三角形ではあり
ません。

3 正三角形は，３つの辺の長さがすべて同じな
ので，１つの辺の長さが4cmとわかっています
から，①と②の長さも4cmとなります。また，
二等辺三角形は，２つの辺の長さが同じで，③以
外の残りの１辺は明らかに5cmより長いことが
読み取れますので，③が5cmとわかります。

5 (1) 三角定規の最も大きい角は，直角です。

(3) 右側の三角定規は，二等辺三角形ですので，
エとオは同じ大きさです。また，直角も同じ
大きさになります。

6 (1) 正三角形は，３つの角がすべて同じ大きさ
ですので，①，②，③は同じ大きさです。「①
と同じ角をすべて」答えるので，②，③と答
えるのが正解です。

(2) 二等辺三角形は２つの角が同じ大きさです。
③は①よりも明らかに大きいので，②が①と
同じ大きさの角だとわかります。

1 ア 二等辺三角形　イ 二等辺三角形
2 イ→ア→ウ→エ
3 (1) 直角三角形　(2) 16cm
4 (1)（しき）5＋5＋5＝15
　　　（答え）15cm
　(2)（しき）8＋8＋10＝26
　　　（答え）26cm
　(3)（しき）3＋4＋12＋13＝32
　　　（答え）32cm
5 (1)（しき）3×3＝9
　　　（答え）9cm
　(2)（しき）9＋9＋9＝27
　　　（答え）27cm
　(3) 9こ

解説

2 ウは直角です。アとイは直角よりも小さい角
で，エは直角よりも大きい角です。

3 (1) イとウが重なるように折り曲げると，辺
アイと辺アウがぴったりと重なります。また，
辺イウの真ん中の点で折り曲げられます。そ
の真ん中の点をエとすると，できあがる図形
はア，イ（ウ），エを頂点とする三角形で，エは
直角だから，直角三角形であるとわかります。

(2) 二等辺三角形を並べると，ひとまわり大きい
二等辺三角形ができます。同じ長さの２辺は，
8＋8＝16（cm）です。

4 (2) 8＋8＋10＝26より，26cm

(3) 5cmの長さの辺をくっつけてできあがる四角
形の４つの辺は，3cm，4cm，12cm，13cm
だから，3＋4＋12＋13＝32（cm）

5 (1) 図を見ると，１辺3cmが３つ分で大きな
正三角形の１辺の長さになっています。した
がって，3×3＝9より，9cmとなります。

(2) (1)より，できあがった正三角形の１辺の長さ
は9cmだから，正三角形の３つの辺の長さは
同じなので，9＋9＋9＝27より，27cmです。

(3) 図を見ると，１段目に正三角形が１個，２段
目に正三角形が３個，３段目に正三角形が５
個あるので，合わせて9個あるとわかります。

1　ア，ウ

2　16こ

3　(1) 二等辺三角形　(2) 直角三角形
　　(3) 正三角形

4　ア 4cm　イ 4cm

5　13こ

6　(1) (しき) 5+5+5=15，15-4-4=7
　　　(答え) 7cm
　　(2) (しき) 5+2=7，7+7+7=21
　　　(答え) 21cm

解説

1　直角よりも小さい角を選ぶので，イは直角だから，答えには含まれません。

2　下の図のように，1辺の長さが1cmの正三角形をしきつめます。すると，1段目には正三角形が1個，2段目には正三角形が3個，3段目には正三角形が5個，4段目には正三角形が7個並びますので，全部合わせると，
1+3+5+7=16より，しきつめるのに必要なのは16個であるとわかります。

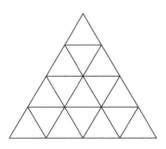

3　(1) 5cmの長さが2つあるので，2つの辺が同じ長さである二等辺三角形であるとわかります。

(2) 1つの角が直角ですので，直角三角形であるとわかります。

(3) 3つの辺の長さがすべて7cmですので，3つの辺の長さが同じである正三角形だとわかります。

4　1辺4cmの正方形だから，すべての辺の長さが4cmであるとわかります。アとイは，もともと正方形の1辺を表しているので，ともに4cm

となります。

5　図の大きな二等辺三角形には，最も小さい9個の二等辺三角形がすきまなく並べられています。次に大きい二等辺三角形は，最も小さい二等辺三角形4つでできた二等辺三角形です。それが大きい二等辺三角形の中に3個あります。

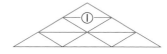

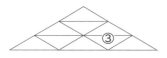

そして，次に大きい二等辺三角形は最も小さい二等辺三角形9個でできた二等辺三角形で，これは図そのものですので，1個あるとわかります。
したがって，図の中に二等辺三角形は，
9+3+1=13より，13個あるとわかります。

6　(1) 正三角形の3つの辺の長さは同じだから，①の三角形のまわりの長さは5+5+5=15cmであるとわかります。②は二等辺三角形で，アの長さは4cmの辺よりも明らかに長いから，ア以外のもう1つの辺が4cmです。したがって，アの長さは，15-4-4=7より，7cmであるとわかります。

(2) ①の1辺の長さを2cm長くすると，1辺の長さは5+2=7より，7cmになります。ですので，1辺7cmの正三角形のまわりの長さは，7+7+7=21より，21cmとなります。
(別解)
1辺の長さを2cm長くした正三角形だから，すべての辺の長さが2cmずつ大きくなります。したがって，正三角形のまわりの長さは，(1)で求めた15cmを利用して，15+2+2+2=21より，21cmと求めることができます。

1　① ちょう点　② めん　③ へん
2　(1) 4本　(2) 4本　(3) 4本　(4) 8こ
3　(1) ① 6　② 12　③ 8　(2) 正方形
4　(1) 長方形　(2) 16cm　(3) 20cm
5　(1) カ　(2) エ　(3) オ

解　説

2　箱の形には，辺が12本，頂点が8個あります。
今回作った箱は，2cm，3cm，5cm の辺がそれ
ぞれ4本ずつありますので，2cm，3cm，5cm
のひごはそれぞれ4本ずつ必要です。ねんど玉は，
頂点の数だけ必要だから，頂点と同じ8個必要
となります。

3　(2) さいころの形をした箱は，すべての面が同
じ大きさの正方形です。

4　(1) アの面の形は，縦4cm，横6cm の長方形
です。

(2) イの面の形は，1辺4cm の正方形ですので，
まわりの長さは 4 × 4 = 16 より，16cm と
わかります。

(3) ウの面の形は，縦4cm，横6cm の長方形で
すので，まわりの長さは，4 + 6 + 4 + 6 =
20 より，20cm とわかります。

5　図の紙を点線で折り曲げると，下の図のよう
な箱の形になります。箱の形は，向かい合う面が
同じ形になりますので，図の中で，ア〜ウとそれ
ぞれとなり合わない同じ形の面を探すのもよいで
しょう。

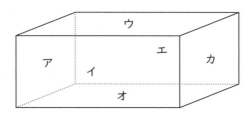

1　(1) アの めんと 同じ 長方形
　　(2) 14cm　(3) 10cm　(4) 4こ
2　12こ
3　(1)（しき）2 × 8 = 16，6 × 4 = 24，
　　　　　　9×2=18，16+24+18=58
　　（答え）58cm
　　(2)（しき）2 × 4 = 8，6 × 4 = 24，
　　　　　　　9 × 4 = 36，
　　　　　　　8 + 24 + 36 = 68
　　（答え）68cm
　　(3) ちょう点①，⑥
　　(4) へん⑥⑥
　　(5) イ

解　説

1　(2) イの面と向かい合う面は，縦2cm，横
5cm の長方形です。よって，そのまわりの長
さは，2 + 5 + 2 + 5 = 14 より，14cm です。

(3) ウの面と向かい合う面は，縦2cm，横3cm
の長方形です。よって，そのまわりの長さは，
2 + 3 + 2 + 3 = 10 より，10cm です。

(4) アの面に直角に交わる面は，イ，ウの面と，イ，
ウに向かい合う面だから，4個です。

2　下の段に6個，上の段に6個しきつめるので，
合わせて12個とわかります。

3　(1) アの図のまわりの長さは，2cm が8個，
6cm が4個，9cm が2個あるので，2 × 8
= 16，6 × 4 = 24，9 × 2 = 18，16 +
24 + 18 = 58 より，58cm となります。

(2) アの図を点線で折って組み立てた箱は，2cm，
6cm，9cm の辺がそれぞれ4本ずつあるので，
2 × 4 = 8，6 × 4 = 24，9 × 4 = 36，8
+ 24 + 36 = 68 より，68cm となります。

(5) さいころの面はすべて同じ正方形です。

1 (1) 正方形　(2) 長方形　(3) エ
　(4) ケ, ス　(5) へんスシ

2 9

3 (1) 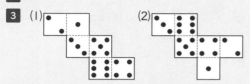　(2)

4 (1) 4cm
　(2) （しき）16 ＋ 16 ＋ 16 ＋ 16 ＝ 64
　　（答え）64 こ
　(3) 24 こ　(4) 24 こ　(5) 8 こ

解説

1 (1) ①と⑥の面の形は, 1辺2cmの正方形です。
(2) ②～⑤の面の形は, 縦2cm, 横6cmの長方形です。

2 アの面は, 1の目の面と向かい合い, イの面は, 4の目の面と向かい合い, ウの面は, 2の目の面と向かい合いますので, アの面の目は7－1＝6より, 6, イの面の目は7－4＝3より, 3, ウの面の目は, 7－2＝5より, 5で, ア～ウは下の図のようになります。したがって, アとイの面の目の数をたすと, 6＋3＝9より, 9であるとわかります。

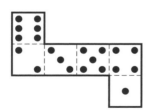

3 さいころの目は, 向かい合う面の目の数をたすと7になりますので, 向かい合う面の片方の数を7からひくことでもう一方の目の数を求めることができます。

4 (1) 1cmのさいころの形をした箱を4つで1辺ができあがっていますので, できあがった図形の1辺の長さは4cmとわかります。
(2) 小さな箱は1段目に16個, 2段目にも16個, 3段目にも16個, 4段目にも16個並べてあ

ります。したがって, 小さな箱は全部で16＋16＋16＋16＝64より, 64個積み重ねたとわかります。

(3) 下の図のように, 1面だけ赤くぬられた小さな箱は, それぞれの面に4個ずつあります。したがって, 箱の形に面は6つありますので, 4×6＝24より, 24個とわかります。

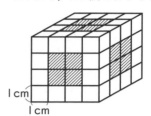

(4) 下の図のように, 2面だけ赤くぬられた小さな箱は, それぞれの辺に2個ずつあります。したがって, 箱の形に辺は12本あるので, 2×12＝24より, 24個とわかります。

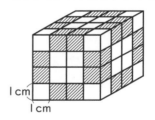

(5) 下の図のように, 3面だけ赤くぬられた小さな箱は, それぞれの頂点に1個ずつあります。したがって, 箱の形に頂点は8個あるので, 8個とわかります。

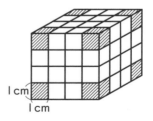

したがって, (2)より箱は全部で64個あり, (3), (4)も利用すると, 64－24－24－8＝8より, 1面も赤くぬられていない小さな箱は8個あるとわかります。
（別解）
1面も赤くぬられていない箱は, 外から見えない部分にある箱です。それは全部で8個あります。

1 (1) ① 7 ② 20 (2) ① 3 ② 71
   (3) ① 6 ② 60 (4) 500

2 (1) 長方形 (2) 12本
   (3) （しき）5 × 8 = 40, 8 × 4 = 32,
        40 + 32 = 72
   （答え）72cm

3 (1) 直角三角形 (2) 20cm

4 (1) （しき）150 + 240 + 180 = 570
   （答え）570mL
   (2) （しき）150 + 240 = 390, 390 − 180 = 210
   （答え）210mL

解説

1 (2) 1m80cm + 5m35cm − 3m44cm
   = (1 + 5 − 3) m (80 + 35 − 44) cm = 3m71cm

(3) 5L260mL + 8dL = 5L260mL + 800mL =
   5L1060mL = 6L60mL

(4) 7L300mL + 3L⬚mL = 10L800mL
   ですから，⬚ = 500 とわかります。

2 (3) 5cm の辺は全部で 8 本，8cm の辺は全部
   で 4 本あるから，5 × 8 = 40, 8 × 4 = 32,
   40 + 32 = 72 より，72cm となります。

3 (1) イとウのまん中をエとすると，イとウが重
   なるように折ると，ア，イ（ウ），エを頂点
   とする三角形ができあがります。この三角形
   はエが直角ですので，直角三角形となります。

(2) 問題文の図の二等辺三角形を 4 個使ってでき
   た二等辺三角形は下の図のようになります。

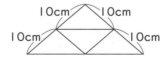

したがって，できあがった二等辺三角形の同
じ長さの 2 辺は，10 + 10 = 20 より，20cm
となります。

4 (2) ゆうさんとしょうへいさんが飲んだ
   ジュースのかさの合計は，150mL + 240mL
   = 390mL ですので，この合計と，たつやさ
   んが飲んだジュースのかさ 180mL のちが
   いは，大きいかさから小さいかさをひいて，
   390mL − 180mL = 210mL となります。

1 (1) ① 4 ② 66
   (2) ① 18 ② 3 ③ 6
   (3) ① 10 ② 4 (4) 3

2 （しき）56cm + 1m18cm = 1m74cm
   （答え）1m74cm

3 （しき）140 + 140 + 200 = 480
   （答え）480mL

4 (1) （しき）8 × 3 = 24
   （答え）24cm
   (2) （しき）8 + 8 + 16 + 16 = 48
   （答え）48cm

5 (1) 60cm (2) ウ, オ (3) へんアセ

解説

2 図から，56cm + 1m18cm = 1m74cm となり，
白いリボンは青いリボンよりも 1m74cm 長いです。

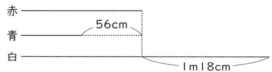

3 お茶を，あおいさんと兄は 140mL ずつ，母
は 200mL 飲んだから，140 + 140 + 200 =
480（mL）です。

4 (1) 正三角形は 3 つの辺の長さが同じなので，
   8 × 3 = 24 より，24cm となります。

(2) できあがる四角形は
   右の図のようになり，
   まわりの長さは，
   8 + 8 + 16 + 16
   = 48（cm）です。

（図: 8cm, 8cm, 14cm, 16cm, 16cm）

5 (1) できあがる箱は，
   5cm の辺が 12 本だから，
   5 × 12 = 5 × 10 + 5 × 2 = 60（cm）です。

(3) 図のように，へんオカと重なるのはへんアセ
   です。

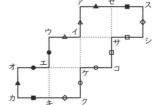

1 (1) 13km　(2) 17km　(3) 23km

2 (1) 24cm　(2) 36 まい

　　(3) タイルのまい数　50 まい

　　　へんの長さ　14cm

解説

1 (1) 問題文をよく読んで，表を読みます。距離を図にかきこんで考えます。

表から，道のりは，A駅〜C駅が32km，A駅〜H駅が126km，B駅〜E駅が62km，C駅〜D駅が26km，E駅〜G駅が28km，F駅〜H駅が38km です。

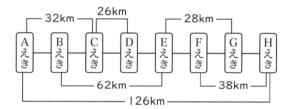

A駅〜F駅の道のりは，126 − 38 = 88（km）です。問題文から，A駅〜B駅とE駅〜F駅の道のりが等しいことに注目します。A駅〜B駅とE駅〜F駅の道のりの合計は，A駅〜F駅の道のりからB駅〜E駅の道のりをひいて，88 − 62 = 26（km）です。よって，A駅〜B駅の道のりは，26 ÷ 2 = 13（km）です。

(2) A駅〜C駅からA駅〜B駅の道のりをひいて，B駅〜C駅の道のりを，32 − 13 = 19（km）と求めます。よって，D駅〜E駅の道のりは，62 − 19 − 26 = 17（km）です。

(3) E駅〜G駅からE駅〜F駅の道のりをひいて，F駅〜G駅の道のりを，28 − 13 = 15（km）と求めます。よって，G駅〜H駅の道のりは，38 − 15 = 23（km）です。

2 (1) タイルは，上から順に，1段目は1枚，2段目は3枚，3段目は5枚，4段目は7枚，…と，2枚ずつ貼り合わせる数が増えています。

段の数	1段目	2段目	3段目	4段目
タイルの枚数	1枚	3枚	5枚	7枚

+2　+2　+2

1 + 3 + 5 + 7 = 16 より，16枚のタイルで上から4段の正三角形を作ることができます。

タイルは1辺の長さ2cm の正三角形だから，4段の正三角形の1辺の長さは，2 × 4 = 8（cm）になります。よって，4段の正三角形のまわりの長さは，8 × 3 = 24（cm）です。

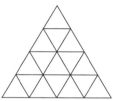

(2) 12 ÷ 2 = 6 より，上から6段の正三角形を作るようにタイルを貼り合わせると，1辺の長さが12cm の正三角形を作ることができます。このとき，必要なタイルの枚数は，16 + 9 + 11 = 36（枚）です。

(3) つばきさんが作ろうとした大きい正三角形に必要なタイルの枚数と，つばきさんが作ることができた正三角形に必要なタイルの枚数のちがいは，14 + 1 = 15（枚）です。6段目に並ぶタイルの枚数は11枚より，15枚のタイルが一列に並ぶ段は8段目です。よって，つばきさんが作れなかった正三角形は8段，作ることができた正三角形は7段のタイルを並べたものとわかります。

7段の正三角形を作るのに必要なタイルの枚数は，36 + 13 = 49（枚）だから，49 + 1 = 50（枚）のタイルを持っています。また，7段の正三角形の1辺の長さは，2 × 7 = 14（cm）です。

■7章　いろいろな　もんだい

21　いろいろな　もんだい①

★　標準レベル　問題156ページ

1　①6　②1　③5　④4
　　⑤5　⑥20

2　（しき）5＋1＝6, 7×6＝42
　　（答え）42m

3　（しき）6×8＝48
　　（答え）48m

4　（しき）7－1＝6, 3×6＝18
　　（答え）18m

5　（しき）7＋1＝8, 9×8＝72
　　（答え）72cm

6　（しき）2×3＝6, 6＋2＝8
　　（答え）8m

解説

3 池のまわりに木を
等しい間隔で8本植
えるので，図のように，
間の数も8個になり
ます。よって，
6×8＝48（m）

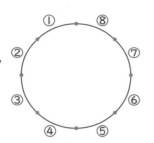

4 1と同じように，間の数は，木の数より1少
なく，7－1＝6（個）になります。よって，木
の端から端までの長さは，3×6＝18（m）

5 図のように，7回切ると，9cmのリボンは，
7＋1＝8(本)できます。よって，9×8＝72(cm)

6 下のような図をかいて考えます。2mの長い
　　すが3個あるので，2×3＝6（m）です。
　　3個の長いすの間の数は，3－1＝2（個）
　　だから，間の長さは2mです。よって，長い
　　すの端から端までの長さは，6＋2＝8（m）
　　になります。

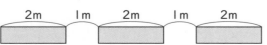

★★　上級レベル　問題158ページ

1　(1)（しき）9－1＝8
　　　　（答え）8つ
　　(2)（しき）32÷8＝4
　　　　（答え）4m

2　（しき）10×4－2×（4－1）＝34
　　（答え）34cm

3　（しき）24÷8＝3
　　（答え）3m

4　（しき）8×9－56＝16, 16÷（9－1）＝2
　　（答え）2cm

5　（しき）50－5×6－5×2＝10
　　　　　　10÷（6－1）＝2
　　（答え）2cm

6　（しき）36÷4－36÷6＝3
　　（答え）3本

解説

2 テープを重ねずにつなげた長さから，2cmず
つ重ねた分の長さをひいて求めます。
10×4－2×（4－1）＝40－2×3＝40
－6＝34（cm）になります。

3 丸い円や池のまわりに等しい間隔で並べると
き，間の数は並べるものの数と等しくなります。
よって，24÷8＝3（m）

4 テープを重ねずにつなげた長さから，重ねて
はったときの長さをひくと，8×9－56＝16
（cm）です。この差が重ねた分の長さなので，
16÷（9－1）＝2（cm）ずつ重ねたことがわ
かります。

5 紙の横の長さから，シール6枚分の横の長さ
と，紙の端からシールまでの長さをひくと，
50－5×6－5×2＝10(cm)になります。シー
ルとシールの間の数は，6－1＝5（個）だから，
シールとシールの間の長さは，10÷5＝2（cm）
です。

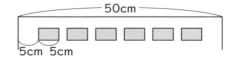

★★★ 最高レベル　　問題**160**ページ

1　（しき）8×5＋6×5－2×（10－1）＝52

　　（答え）52cm

2　（しき）40÷8＋1＝6

　　　　　　8÷2－1＝3

　　　　　　3×5＝15

　　（答え）赤いシール　6まい

　　　　　　黄色いシール　15まい

3　（しき）6×6－2×（6－1）＝26

　　（答え）26mm

4　⑴（しき）24＋24＋24＋24＝96

　　　　　　　1×2＋2×2＝6

　　　　　　　96－6×（4－1）＝78

　　　（答え）78cm

　　⑵（しき）6×8－2×（8－1）＝34

　　　（答え）34cm

　　⑶（しき）（42－6）÷（6－2）＝9

　　　　　　　9＋1＝10

　　　（答え）10まい

　　⑷（しき）24×10＝240

　　　　　　　240－6×（10－1）＝186

　　　（答え）186cm

解　説

1　8cm の赤い紙テープと 6cm の青い紙テープ
をそれぞれ 5 枚ずつはるので，重ねずにつなげた
ときの全体の長さは，8×5＋6×5＝70（cm）
です。2cm ずつ重ねる部分は 10－1＝9（つ）
だから，2×9＝18（cm）分をひきます。

（別解）8cm の赤い紙テープと 6cm の青い紙テー
プをつなげたテープを 1 つのテープとみて，8
＋6－2＝12（cm）の紙テープを 5 まい重ね
ると考えてもよいです。12×5－2×（5－1）
＝52（cm）になります。

2　赤いシールは，端から端まで 8cm ごとには
るので，40÷8＋1＝6（枚）必要です。ま
た，黄色いシールは，赤いシールとシールの間
に，2cm おきにはるので，赤いシールとシール
の間 1 つにつき，8÷2－1＝3（枚）必要です。
赤いシールとシールの間は 5 つあるので，必要
な黄色いシールは，3×5＝15（枚）です。赤

いシールは両端にはりますが，黄色いシールは両
端にははらないことに注意します。

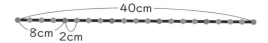

3　テープを重ねてはる問題と同じように考え
ます。6mm の輪を 6 個そのまま並べると，6
×6＝36（mm）になりますが，つなぐときに，
2mm 分が重なっているので，2×（6－1）＝
10（mm）をひいて求めます。

4　⑴ 正方形の色紙 1 枚のまわりの長さは，
6×4＝24（cm）です。色紙が 4 枚分で，
24＋24＋24＋24＝96（cm）です。こ
のうち，重なっている部分は，縦が 1cm で，
横が 2cm の長方形が 3 つ分です。長方形の
1 つ分のまわりの長さは，1×2＋2×2＝
6（cm）だから，図のまわりの長さは，96
－6×（4－1）＝78（cm）になります。

⑵ 1 辺が 6cm の色紙をそのまま 8 枚並べた全
体の長さから，横を 2cm 重ねた分の長さをひ
きます。6×8－2×（8－1）＝34（cm）

⑶ あの長さは，1 枚目は 6cm で，2 枚目からは
6－2＝4（cm）ずつ増えていくことに注
目します。42cm から 1 枚目の長さをひいて，
2 枚目以降の色紙が何枚あるかをわり算で求
めます。

⑷ 色紙 10 枚分のまわりの長さは，24×10＝
240（cm）で，重なっている長方形 9 個分の
まわりの長さをひいて求めます。

┌─── **中学入試に役立つ** **アドバイス** ───┐

植木算では，木の数と間の数の関係をとらえ
ることが大切です。

・両端に木があるとき

　木の本数＝間の数＋1

・両端に木がないとき

　木の本数＝間の数－1

・周囲がつながっているとき

　木の本数＝間の数

問題が複雑な場合は，簡単な図をかいて，間
の数がどうなるかを確かめながら解きます。

└────────────────────┘

1 (1) ① 24 ② 6 ③ 18 ④ 18
　　⑤ 2 ⑥ 9 ⑦ 9
　(2) ① 9 ② 6 ③ 15

2 ① 12 ② 12 ③ 3 ④ 4 ⑤ 4
　⑥ 4 ⑦ 2 ⑧ 8

3 (しき) 23 − 7 = 16, 16 ÷ 2 = 8
　　　　8 + 7 = 15
　(答え) ㋐ 15, ㋑ 8

4 (しき) 36 ÷ 4 = 9
　(答え) 9さつ

解説

1 和差算の問題です。和差算では，2つの数量の和と差から，それぞれの数量を求めます。
問題の図から，(和−差) ÷ 2 で，2つの数量のうちの小さい数量を，(和＋差) ÷ 2 で，2つの数量のうちの大きい数量を求めることができます。和や差の用語は，4年生で学習するため，問題では使用していません。

2 分配算の問題です。分配算は，ある数量を決まった差や割合で分ける問題です。図をかいて，数量の関係を整理して解きます。

3 図で，㋐と㋑の ━━ を合わせた数は，23 − 7 = 16 になるので，㋑の数は，16 ÷ 2 = 8 になります。よって，㋐の数は，8 + 7 = 15 です。

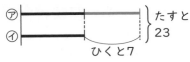

4 図から，ノートの数 36 冊は，こうさんのノートの数の 4 倍であることがわかります。よって，36 ÷ 4 = 9（冊）です。

1 (しき) 18 ÷ 2 = 9, 9 − 3 = 6, 6 ÷ 2 = 3
　(答え) たて 3cm, よこ 6cm

2 (しき) 10 + 8 = 18, 18 ÷ 3 = 6, 8 − 6 = 2
　(答え) 2L

3 (1) (しき) 56 ÷ (1 + 4 + 2) = 8
　　　(答え) 8こ
　(2) (しき) 8 × 4 − 8 × 2 = 16
　　　(答え) 16こ

4 (しき) 32 − 2 = 30, 30 ÷ 6 = 5
　　　　5 × 5 + 2 = 27
　(答え) ラーメン 27人, カレー 5人

5 (1) (しき) (31 − 4 + 3) ÷ 3 = 10
　　　　　10 + 4 = 14, 10 − 3 = 7
　　　(答え) ふで 7本, ペン 14本
　(2) (しき) 7 × 3 − 10 = 11
　　　(答え) 11本

6 (しき) (34 + 8 − 3) ÷ 3 = 13, 13 + 3 = 16
　(答え) 16

解説

1 和と差がわかりにくいですが，和差算の問題です。長方形のまわりの長さから，縦と横の長さをたした数が，18 ÷ 2 = 9（cm）とわかります。

2 大きい入れ物のお茶と小さい入れ物のお茶の量をたすと，10 + 8 = 18（L）です。お茶をうつしたあと，大きい入れ物のお茶は小さい入れ物のお茶の 2 倍になるので，小さい入れ物のお茶は，18 ÷ 3 = 6（L）です。よって，8 − 6 = 2（L）のお茶をうつします。

5 (1) 3つの数の和差算です。図から，えんぴつの数は，(31 − 4 + 3) ÷ 3 = 10（本）とわかります。

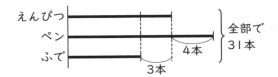

1 (1)（しき）37 − 5 = 32
　　　（答え）32 まい
　(2)（しき）32 ÷ 4 = 8
　　　（答え）8 まい

2（しき）(20 − 2) ÷ 3 = 6, 6 × 2 + 2 = 14
　（答え）ぎゅうにゅう　14dL, ジュース　6dL

3（しき）28 ÷ (2 × 2 + 2 + 1) = 4
　（答え）4 こ

4（しき）14 ÷ 2 = 7, (7 + 1) ÷ 4 = 2
　　　　2 × 3 − 1 = 5
　（答え）たて　5m, よこ　2m

5（しき）(70 + 2) ÷ (2 × 3 + 2 + 1) = 8
　　　　8 × 6 − 2 = 46
　（答え）46 こ

6（しき）(35 + 2 − 1) ÷ 6 = 6
　　　　6 × 3 − 2 = 16
　（答え）16

解説

1 (1) 図から, しほさんの枚数 |——| の 4 倍は, 37 − 5 = 32（枚）とわかります。

(2) (1)より, しほさんの枚数の 4 倍が 32 枚だから, しほさんの枚数は, 32 ÷ 4 = 8（枚）です。

2 単位に注意して計算します。牛乳とジュースは合わせて 2L = 20dL になります。
図から, ジュースの 3 倍の量が, 20 − 2 = 18(dL) だから, ジュースの量は, 18 ÷ 3 = 6（dL）です。よって, 牛乳の量は, 6 × 2 + 2 = 14（dL）になります。

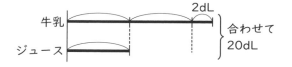

3 図から, 28 個のガムは, だいちさんのガムの数の 2 × 2 + 2 + 1 = 7（倍）です。よって, だいちさんのガムの数は, 28 ÷ 7 = 4（個）です。

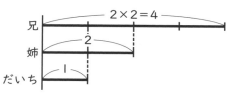

4 長方形の縦と横の長さをたすと, 14 ÷ 2 = 7（m）です。縦と横の長さの関係は図のようになり, 横の長さは, (7 + 1) ÷ 4 = 2（m）だから, 縦の長さは, 2 × 3 − 1 = 5（m）です。

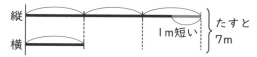

5 図から, めぐさんのみかんの数の 9 倍が, みかん全部の 70 個に 2 をたした 72 個とわかります。めぐさんのみかんの数は, 72 ÷ 9 = 8（個）になるので, はるとさんがもらったみかんの数は, 8 × 6 − 2 = 46（個）です。

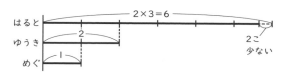

6 図から, 35 + 2 − 1 = 36 が, ⑦の数の 6 倍であることがわかります。よって, ⑦の数は, 36 ÷ 6 = 6 です。⑦の数は, 6 × 3 − 2 = 16 になります。

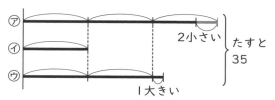

――― 中学入試に役立つ **アドバイス** ―――

数量関係の文章題では, 求めた答えが問題にあっているかの確認をしましょう。例えば, **6** では, ⑦, ⑦, ⑦の数を求めて, たした数が 35 になるかどうかや, 大小関係を調べることで, 問題にあった答えを求めることができているかを確かめることができます。

★ 標準レベル　問題 168ページ

1 ① 210　② 190　③ 20　④ 20
　⑤ 2　⑥ 10

2 （しき）88 － 72 ＝ 16, 16 ÷ 2 ＝ 8
　（答え）8 円

3 ① 9　② 72　③ 9　④ 8

4 （しき）3 ＋ 2 × 3 ＝ 9, 45 ÷ 9 ＝ 5
　（答え）5cm

5 （しき）40 ＋ 4 × 2 ＝ 48, 48 ÷ 6 ＝ 8
　　　　　8 × 5 － 4 ＝ 36
　（答え）36 才

解説

1 消去算の問題です。消去算は，わからない数量の，同じ部分をさしひいたり，ある数量を他の数量におきかえたりして解きます。この問題では，さしひいて求めます。画用紙 5 枚とえんぴつ 2 本から，画用紙 3 枚とえんぴつ 2 本をひくと，画用紙 2 枚が残るので，画用紙 2 枚分の値段がわかります。

2 あめ玉 4 個とラムネ 5 個から，あめ玉 4 個とラムネ 3 個をひくと，ラムネ 2 個が残るので，ラムネ 2 個の値段は，88 － 72 ＝ 16（円）です。ラムネ 1 個の値段は，16 ÷ 2 ＝ 8（円）です。

3 消去算のおきかえて求める場合の問題です。クッキー 1 個をキャラメル 2 個におきかえることで，キャラメルの個数と値段の関係がわかります。

4 青テープ 1 本を赤テープ 3 本におきかえて考えます。45cm の長さになる赤テープの本数は，3 ＋ 2 × 3 ＝ 9（本）です。よって，赤テープ 1 本の長さは，45 ÷ 9 ＝ 5（cm）です。

5 年齢を題材にした問題です。4 年後には，はるさんと父はともに 4 才ずつ年齢が増えることに注意します。4 年後，はるさんと父の年齢をたすと，40 ＋ 4 × 2 ＝ 48（才）になっています。父の年齢ははるさんの 5 倍だから，4 年後のはるさんの年齢は，48 ÷ 6 ＝ 8（才）です。よって，4 年後の父の年齢は，8 × 5 ＝ 40（才）です。

★★ 上級レベル　問題 170ページ

1 （しき）2 × 2 ＋ 3 ＝ 7, 42 ÷ 7 ＝ 6
　（答え）6 円

2 （しき）3 ＋ 4 ＝ 7, 14 ÷ 7 ＝ 2
　（答え）2dL

3 （しき）16 － 7 × 2 ＝ 2
　（答え）2 円

4 （しき）64 ÷ 8 ＝ 8, 8 × 5 ＝ 40, 8 × 2 ＝ 16
　（答え）かいとさん　8 才，母　40 才，
　　　　　兄　16 才

5 (1)（しき）27 － 3 － 6 － 3 ＝ 15, 15 ÷ 3 ＝ 5
　　（答え）5 才
　(2)（しき）5 ＋ 3 ＝ 8, 8 ＋ 6 ＝ 14
　　（答え）もえさん　8 才，姉　14 才

6 （しき）(24 － 6) ÷ 2 ＝ 9, 9 ＋ 6 ＋ 2 ＝ 17
　　　　　24 － 17 ＝ 7
　（答え）7 才

解説

1 せんべい 1 枚をあめ 2 個におきかえて考えます。42 円で買えるあめの数は，2 × 2 ＋ 3 ＝ 7（個）だから，あめ 1 個の値段は，42 ÷ 7 ＝ 6（円）です。

2 牛乳のびん 1 本を，パック 3 本におきかえて考えます。牛乳 14dL 分のパックの数は，3 ＋ 4 ＝ 7（本）だから，14 ÷ 7 ＝ 2（dL）

3 そのままさしひいても消去できないので，一方を 2 倍にしてから，さしひきます。赤の色紙 1 枚と青の色紙 2 枚を買うと 7 円だから，2 倍して，赤の色紙 2 枚と青の色紙 4 枚で 14 円です。赤の色紙 2 枚と青の色紙 5 枚から赤の色紙 2 枚と青の色紙 4 枚をひくと，青の色紙 1 枚が残るので，青の色紙 1 枚の値段は，16 － 14 ＝ 2（円）です。

4 年齢を題材にした，分配算の問題です。64 才が，かいとさんの年齢の 5 ＋ 2 ＋ 1 ＝ 8（倍）であることから求めます。

6 年齢を題材にした，和差算の問題です。すずさんとまゆさんの年齢をたすと，24 才で，まゆさんがすずさんより 6 才年上であることから，すずさんとまゆさんの年齢を求めます。

1 （しき）32 － 28 ＝ 4, 4 ÷ (3 － 1) ＝ 2
（答え）2 年後

2 (1) （しき）6 ＋ 5 ＋ 3 ＝ 14, 14 ÷ 2 ＝ 7
（答え）7 こ

(2) （しき）7 － 5 ＝ 2
（答え）2 こ

3 （しき）4 ＋ 8 ＋ 6 ＝ 18, 18 ÷ 2 － 8 ＝ 1
（答え）1

4 (1) （しき）63 ÷ 9 ＝ 7, 7 × 2 ＝ 14, 7 × 6 ＝ 42
（答え）のんさん　14 才, 母　42 才

(2) （しき）42 － 14 ＝ 28, 28 － 14 ＝ 14
（答え）14 年後

5 (1) （しき）(31 － 2 ＋ 7) ÷ 3 ＝ 12
（答え）12 才

(2) （しき）12 ＋ 2 ＋ 4 ＝ 18, 12 － 7 ＋ 4 ＝ 9
18 ÷ 9 ＝ 2
（答え）2 ばい

6 （しき）15 ÷ 3 ＝ 5, 5 ＋ 5 ＝ 10
（答え）10cm

解　説

1 1 年後には, 兄弟 3 人の年齢をたした数は 3 才増え, 父の年齢が 1 才増えるので, 1 年で, 3 － 1 ＝ 2（才）ずつ差が縮まります。今, 兄弟 3 人の年齢をたした数と父の年齢のちがいは, 32 － 28 ＝ 4（才）だから, 兄弟 3 人の年齢をたした数と父の年齢が同じになるのは, 4 ÷ 2 ＝ 2（年後）です。

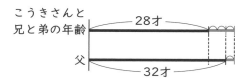

こうきさんと
兄と弟の年齢

2 (1) 3 つの数量の消去算です。

$$㋞＋㋴＝6$$
$$㋞＋㋑＝5$$
$$＋　㋴＋㋑＝3$$

㋞㋞＋㋴㋴＋㋑㋑＝14, ㋞＋㋴＋㋑＝7
箱㋞と㋴, 箱㋞と㋑, 箱㋴と㋑を使ったときに入るケーキの個数がわかっているので, 3

つの式をたすと, 箱㋞, ㋴, ㋑を 2 個ずつ使ったときに入るケーキの個数がわかります。

(2) (1)より, 箱㋞, ㋴, ㋑を 1 個ずつ使ったときに入るケーキの個数から箱㋞と㋑を 1 個ずつ使ったときに入るケーキの数をひけば, 箱㋴に入るケーキの数を求めることができます。

$$㋞＋㋴＋㋑＝7$$
$$－　㋞＋　　㋑＝5$$
$$㋴　　　＝2$$

3 ㋐と㋑, ㋑と㋒, ㋐と㋒をたした答えをたすと, ㋐, ㋑, ㋒を 2 つずつたした答えがわかります。

$$㋐＋㋑＝4$$
$$㋑＋㋒＝8$$
$$＋　㋐＋㋒＝6$$

㋐㋐＋㋑㋑＋㋒㋒＝18, ㋐＋㋑＋㋒＝9
㋐＋㋑＋㋒＝9 から, ㋑＋㋒＝8 をひけば, ㋐を求めることができます。

4 (1) のんさんの年齢は妹の 2 倍で, 母の年齢はのんさんの 3 倍だから, 母の年齢は妹の, 2 × 3 ＝ 6（倍）です。3 人の年齢をたした 63 才は, 妹の年齢の 2 ＋ 1 ＋ 6 ＝ 9（倍）になります。

(2) 母とのんさんの年齢のちがいは, 42 － 14 ＝ 28（才）で, 数年後でもこのちがいは変わりません。よって, 母の年齢がのんさんの 2 倍になるとき, のんさんは 28 才です。

5 (1) 兄, こうたさん, 弟の年齢を合わせて 31 才であることと, 年齢のちがいから, 和差算を利用してこうたさんの年齢を求めます。

(2) 4 年後の兄の年齢は, 12 ＋ 2 ＋ 4 ＝ 18（才）, 弟の年齢は, 12 － 7 ＋ 4 ＝ 9（才）です。4 年後の兄の年齢は弟の, 18 ÷ 9 ＝ 2（倍）です。

6 赤 1 本と白 1 本を合わせた長さが青 1 本の長さと同じになることから, おきかえて求めます。

赤 2 本＋白 2 本＋青 1 本 ＝ 15cm
赤 2 本＋白 2 本＋赤 1 本＋白 1 本 ＝ 15cm
赤 3 本＋白 3 本 ＝ 15cm

赤 1 本と白 1 本の長さは, 15 ÷ 3 ＝ 5（cm）です。赤 1 本と白 1 本が, 青 1 本の長さと同じになるので, 赤, 白, 青を 1 本ずつたした長さは, 5 ＋ 5 ＝ 10（cm）です。

24 いろいろな もんだい④

★ 標準レベル 問題174ページ

1 (1) ① 3 ② 2 (2) みかん (3) 20 こ

2 (1) (しき) $4 + 3 \times (6 - 1) = 19$
　　　　(答え) 19 本
　　(2) (しき) $(58 - 19) \div 3 = 13, 6 + 13 = 19$
　　　　(答え) 19 こ

3 (1) 6 つ
　　(2) (しき) $6 \times 9 + 3 = 57$
　　　　(答え) 57 番目

4 (1) (しき) $8 \times 6 = 48$
　　　　(答え) 48cm
　　(2) (しき) $88 \div 8 = 11$
　　　　(答え) 11 番目

解 説

1 (2) りんごとみかんを合わせた 5 個が繰り返し並んでいるので, $35 \div 5 = 7$ より, 35 番目は 5 個をちょうど 7 回繰り返したので, みかんとわかります。

(3) $50 \div 5 = 10$ より, 50 番目までの, 5 個の繰り返しは 10 回です。5 個のうちのみかんは 2 個だから, $2 \times 10 = 20$ (個) です。

2 (1) 正方形 1 個では 4 本, 2 個では 3 本増えて 7 本, 3 個ではさらに 3 本増えて 10 本になり, 2 個目以降は, 3 本ずつマッチの数が増えることから考えます。

(2) 正方形 6 個で 19 本使うので, 残りのマッチの数を 3 でわって, 6 個からいくつ正方形が増えているかを考えます。

3 (2)「563412」の 6 つの数字が 9 回並んだあと, 3 つ目の数字が 10 回目の「3」になります。

4 (1) 1 番目, 2 番目, 3 番目と図形のまわりの長さを調べて, 規則性を考えます。表にまとめると, 8cm ずつ増えていくことがわかります。

	1 番目	2 番目	3 番目	4 番目
まわりの長さ	8cm	16cm	24cm	32cm

★★ 上級レベル 問題176ページ

1 (1) 9 人 (2) 4 はん

2 (1) 白のご石が 10 こならぶ (2) 30 こ
　　(3) 78 こ

3 (1) 54 (2) 33 (3) 47
　　(4) 11 行目の 6 れつ目

4 (1) 7 (2) 67 番目 (3) 335

解 説

1 (1) 36 人を 4 つの班に分けるので, 1 つの班に, $36 \div 4 = 9$ (人) ずつ入ります。

(2) 1 ～ 4 班に 1 ～ 4 番の子どもが順に入り, 5 ～ 8 番の子どもは, 4 ～ 1 班の順に入ります。

2 (1) 1 番目は黒が 1 個, 2 番目は白が 2 個, 3 番目は黒が 3 個, 4 番目は白が 4 個, と規則的に並んでいます。

(2) 10 番目の白の碁石の数は, $2 + 4 + 6 + 8 + 10 = 30$(個)です。

(3) 12 番目の碁石の数は, $1 + 2 + 3 + 4 + 5 + 6 + 7 + 8 + 9 + 10 + 11 + 12 = 78$ (個) になります。

3 (1) 6 列目には, 6 の段の数が並んでいるので, $6 \times 9 = 54$ です。

(2) 5 行目の 6 列目の数に, 3 をたして求めます。$6 \times 5 + 3 = 33$

(3) 8 行目の 6 列目の数から, 1 をひいて求めます。$6 \times 8 - 1 = 47$

(4) $66 \div 6 = 11$ より, 11 行目の 6 列目の数です。

4 (1) 1 は 1 個, 2 は 2 個, 3 は 3 個と数が並んでいます。$1 + 2 + 3 + 4 + 5 + 6 = 21$ より, 25 番目は 7 です。

(2) $21 + 7 + 8 + 9 + 10 + 11 = 66$ より, 67 番目です。

(3) 9 が 9 個並んだときに 45 番目になるので, 46 番目～ 50 番目には, 10 が 5 個並びます。よって, $1 + 2 \times 2 + 3 \times 3 + 4 \times 4 + 5 \times 5 + 6 \times 6 + 7 \times 7 + 8 \times 8 + 9 \times 9 + 10 \times 5 = 335$ です。

70

1 (1) □　(2) 18 こ

2 (1) 36 こ

(2)（しき）4 + 6 × (6 − 1) = 34
（答え）34cm

(3)（しき）(70 − 4) ÷ 6 = 11, 11 + 1 = 12
（答え）12 だん

3 (1) 10 こ　(2) 46　(3) 505

4 (1) 61 こ　(2) 7 こ

解説

1 (1)「〇, △, □, △, □, 〇, □」の 7 つの記号が繰り返し並んでいます。35 ÷ 7 = 5 より, 35 番目は 7 個の記号をちょうど 5 回繰り返したので, □ とわかります。

(2) 42 ÷ 7 = 6 より, 42 番目までの, 7 個の記号の繰り返しは 6 回です。7 個の記号のうち□は 3 個だから, 3 × 6 = 18（個）です。

2 (1) 1 段目は 1 個,
2 段目は 3 個,
3 段目は 5 個,
と増えていきます。
6 段目までまとめると, 表のようになります。

（1だん）
↓
（2だん）
↓
（3だん）

	1 段目	2 段目	3 段目	4 段目	5 段目	6 段目
増える正方形の数	1 個	3 個	5 個	7 個	9 個	11 個

よって, 6 段目までの正方形の数は,
1 + 3 + 5 + 7 + 9 + 11 = 36（個）です。

(2) 正方形の 1 辺が 1cm だから, 1 段のときは 4cm です。2 段では 10cm, 3 段では 16cm と, 6cm ずつ増えていくことに注目します。よって, 6 段まで並べたときの図形のまわりの長さは, 4 + 6 × (6 − 1) = 34（cm）です。

(3) (2)より, 1 段目が 4cm で, 2 段目以降は 6cm ずつ増えていくので,（70 − 4）÷ 6 = 11 より, 12 段まで並べたときです。

3 (1) 数字の 1 から順に, 1 行目には 1 個, 2 行目には 2 個, 3 行目には 3 個, というように, 1 個ずつ増えています。よって, 10 行目には 10 個の数字が並びます。

（1 行目）1　　　　　　　　　　→1 個
（2 行目）2　3　　　　　　　　→2 個
（3 行目）4　5　6　　　　　　→3 個
（4 行目）7　8　9　10　　　　→4 個
（5 行目）11 12 13 14 15　　　→5 個
（6 行目）16 17 18 19 20 21 →6 個
（7 行目）　　…

(2) 9 行目のいちばん右に並んでいる数字は, 1 + 2 + 3 + 4 + 5 + 6 + 7 + 8 + 9 = 45 です。よって, 10 番目のいちばん左の数字は 46 です。

(3) 10 行目には, 46 から 55 までの 10 個の数字が並びます。よって,
46 + 47 + 48 + 49 + 50 + 51 + 52 + 53 + 54 + 55 = 505 です。

4 (1) 黒い碁石の数がいくつずつ増えていくかを考えます。正方形が 1 個のとき, 黒い碁石の数は 4 個です。
正方形が 2 個のとき, 外側の正方形の黒い碁石の数は 8 個だから, 4 + 8 = 12（個）です。
正方形が 3 個のとき, 外側の正方形の黒い碁石の数は 12 個だから, 12 + 12 = 24（個）です。

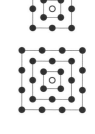

このように, いちばん外側の正方形の黒い碁石の数が 4 ずつ増えていっていることから, 黒い碁石の数は, 表のようになります。

正方形の数	1 個	2 個	3 個	4 個	5 個
黒い碁石の数	4 個	12 個	24 個	40 個	60 個

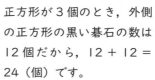

+ 8　+ 12　+ 16　+ 20

(2) 黒い碁石の数は,
正方形が 6 個のとき, 60 + 24 = 84（個）
正方形が 7 個のとき, 84 + 28 = 112（個）になります。

★ 標準レベル　問題180ページ

1 (1) ① B ② C (2) ① B ② D ③ C

(3) ① B ② D ③ A ④ C

2 (1) ① 15 ② 3 (2) ① 月 ② 水 ③ 金

(3) ① B ② D ③ B ④ C

(4) ① 火 ② 水 ③ 木

(5) ① B ② C ③ E ④ 火 ⑤ 木

解説

1 数の大小関係を推理して解く問題です。

(2) **2**より，BとCではBのほうが少なく，**3**より，Dの持っているあめ玉の個数は，BとCの間なので，あめ玉の個数が少ない方から順に B，D，C となります。

(3) **1**より，Aの持っているあめ玉の個数は多いほうから2番目なので，次のような図に表すことができます。

```
           B    D    A    C
少ない ─────┼────┼────┼────┼────→ 多い
           ↓    ↓    ↓    ↓
```

2 (1) 1日に3人ずつ，5日間当番があるので，3×5＝15（人）分の当番があります。5人で当番をするので，1人あたり，15÷5＝3（日）ずつ当番に入ればよいです。

(2) Bは連続して来ないので，月・火・木などの当番が続く3日ではないことがわかります。よって，Bは月・水・金の当番になります。

(3) (2)より，Bの当番が決まったので，表から，月曜日と金曜日の当番がわかります。

(4) 月曜日と金曜日の当番の3人が決まったので，表の他の人のところに×を書き込むと，Eは，火・水・木の3日連続で来ることがわかります。

(5) 表を埋めると，次のようになります。

	月	火	水	木	金
A	○	○	×	×	○
B	○	×	○	×	○
C	×	×	○	○	○
D	○	○	○	×	×
E	×	○	○	○	×

★★ 上級レベル　問題182ページ

1 (1) ① ゆうと ② さくら ③ そうた

(2) ① ゆうと ② さくら（順不同）

(3) そうた

(4) ① ゆうと ② さくら ③ かえで

④ そうた

2 (1) 月曜日，金曜日，土曜日 (2) 水曜日

3 ① 10 ② 7 ③ 42

解説

1 (3) そうたさんはさくらさんの2倍の数で，かえでさんはさくらさんと，さくらさんより少ないゆうとさんを合わせた数なので，図のようになります。

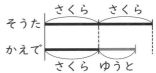

2 Cさんは，火曜日と土曜日に×を書き，3日連続だから，水曜日～金曜日の3日に○を，残りの月曜日に×を書きます。Dさんは，火曜日に○を書き，連続は嫌なので，月曜日と水曜日に×を書きます。Eさんは，木曜日から土曜日に×を，残りの月曜日から水曜日に○を書きます。Fさんは，火曜日と木曜日に○を書きます。C～Fの会話を表にまとめます。

	月	火	水	木	金	土
A	○	×	×	×	○	○
B	○	×	×	×	○	○
C	×	×	○	○	○	×
D	×	○	×	○	×	○
E	○	○	○	×	×	×
F	×	○	○	○	×	×

AさんとBさんは一緒に当番をしたいので，上の表で，○が2つ以上ある曜日に×を書き，残りの月曜日，金曜日，土曜日に○を書きます。曜日ごとに見て，○が3つある場合は，空欄に×を書き，空欄を埋めていきます。

3 2倍する前の数は，20÷2＝10です。3をたす前の数は，10－3＝7です。6でわる前の数は，7×6＝42になります。

★★★ 最高レベル

問題**184**ページ

1 8月24日から25日

2 A組，B組，F組

3 D

4 (1) Bチーム　(2) 44点

解説

1 簡単なカレンダーを書き，A～Cの3人の予定について，都合が悪いところを塗ると，下のようになります。2日連続で都合が良いのは，8月24日から25日だけだとわかります。

日	月	火	水	木	金	土
16	17	18	19	20	21	22
23	24	25	26	27	28	29
30	31					

2 会話を表にまとめます。

A組はC組とD組に勝ち，勝った試合の数が2だから，E組とF組には負けているので，×を書きます。

B組はA組には勝ちましたが，ほかの組には負けて，勝ち数が1なので，C組～F組のところに×を書きます。

C組は，A組にだけ負けたことから，B組～F組のところに〇を書き，勝ち数は4になります。

A組～C組の結果をD組～F組の行にも書くと，下のようになります。

	A	B	C	D	E	F	かち数
A		×	〇	〇	×	×	2
B	〇		×	×	×	×	1
C	×	〇		〇	〇	〇	4
D	×		×				
E	〇		×				
F	〇		×				

ここで，勝ち数についてのゆうなさんの会話に注目すると，A組の勝ち数2は，C組とD組より少なかったこと，C組より勝ち数が多い組はないことがわかるので，D組の勝ち数は3であることがわかります。

D組の勝ち数が3であることから，D組はE組とF組に勝ったので，〇を書きます。また，問題文

から，E組の勝ち数は3なので，E組はD組に負けてF組には勝ったことがわかります。表をうめると，次のようになります。

	A	B	C	D	E	F	かち数
A		×	〇	〇	×	×	2
B	〇		×	×	×	×	1
C	×	〇		〇	〇	〇	4
D	×	〇	×		〇	〇	3
E	〇	〇	×	×		〇	3
F	〇	〇	×	×	×		2

3 A～Dの年齢を図に表して考えます。

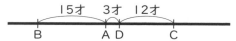

①より，AはBより15才年上です。

③より，AとDの年のちがいは3才ですが，どちらが年上かはわかりません。

④より，CとDの年のちがいが3才の4倍なので，12才ということがわかりますが，どちらが年上かはわかりません。

②より，BとCの年のちがいは，AとCの年のちがいの2倍です。この条件に合うように，DがAより年上になるか年下になるか，DがCより年上になるか年下になるかで考えます。

4 A～Eチームの点数を図に表します。

44点	48点	54点	60点	68点
D	E	A	C	B

⑥より，Cチームは60点です。

④より，CチームはEチームより12点高いので，Eチームは60 − 12 = 48（点）です。

①より，AチームとCチームの点数のちがいと，AチームとEチームの点数のちがいが同じだから，12 ÷ 2 = 6より，Aチームは60 − 6 = 54（点）です。

③より，DチームはAチームより10点低いので，54 − 10 = 44（点）です。

②より，BチームとEチームの点数のちがいは20点だから，Bチームは，48 + 20 = 68（点）か，48 − 20 = 28（点）のどちらかですが，⑤の1番と3番の点数のちがいが14点になるのは，Bチームが68点のときです。

7章　いろいろな　もんだい　**73**

1 （しき）720 ÷ 8 = 90
　（答え）90m

2 （しき）48 ÷ 2 = 24，(24 − 10) ÷ 2 = 7
　　　　 7 + 10 = 17
　（答え）たて　17cm，よこ　7cm

3 （しき）63 ÷ (4 + 2 + 1) = 9
　　　　 9 × 4 = 36，9 × 2 = 18
　（答え）ゆうとさん　18才，父　36才，
　　　　 妹　9才

4 (1) （しき）1+2+3+4+5+6+7+8+9=45
　　　（答え）45こ
　(2) （しき）1 + 3 + 5 + 7 + 9 + 11 = 36
　　　（答え）36こ

5 (1) D と E　(2) B と C

解説

1 丸い円や池のまわりに等しい間隔で並べるとき，間の数は並べるものの数と等しくなります。よって，720 ÷ 8 = 90（m）

2 長方形のまわりの長さから，縦と横の長さをたした数が，48 ÷ 2 = 24（cm）とわかります。横の長さは，(24 − 10) ÷ 2 = 7（cm）になります。

3 年齢を題材にした，分配算の問題です。63才が，妹の年齢の 4 + 2 + 1 = 7（倍）です。

4 (1) 右側から，白1個，黒2個，白3個，黒4個，と並べています。8番目には9列並べるので，1+2+3+4+5+6+7+8+9=45（個）
(2) 10番目には11列並べるので，白の碁石の数は，1 + 3 + 5 + 7 + 9 + 11 = 36（個）です。

5 会話をまとめると，表のようになります。

	月	火	水	木	金
A	○	×	○	×	×
B	×	×	○	×	○
C	×	×	×	○	○
D	○	○	×	×	×
E	×	○	×	○	×

1 （しき）48 ÷ 8 = 6，6 + 1 = 7
　（答え）7本

2 （しき）(75 + 10 + 5) ÷ 3 = 30
　（答え）30まい

3 （しき）(18 − 6) ÷ 2 = 6，6 + 2 = 8
　　　　 22 − 8 = 14
　（答え）14才

4 (1) 8人　(2) Dチーム

5 (1) 21才　(2) 8才

解説

1 両端に棒を立てるので，棒の数は間の数より1大きくなります。48 ÷ 8 = 6より，6 + 1 = 7（本）

2 図から，はるとさんのシールの数は，(75 + 10 + 5) ÷ 3 = 30（枚）とわかります。

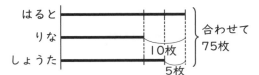

3 年齢を題材にした，和差算の問題です。ほのかさんと姉の年齢をたすと18才で，ほのかさんが姉より6才年下であることから，ほのかさんの年齢は，(18 − 6) ÷ 2 = 6（才）です。けんじさんは，ほのかさんより2才年上になるので，6 + 2 = 8（才）だから，兄は，22 − 8 = 14（才）です。

4 (1) 48人を6つのチームに分けるので，1つのチームに，48 ÷ 6 = 8（人）ずつ入ります。
(2) A〜Fチームに1〜6番の子どもが順に入ったあと，7〜12番の子どもは，F〜Aチームの順に入っていきます。

5 (1) たくみさんが7才で，かおるさんの年齢はたくみさんの年齢の3倍だから，かおるさんは，7 × 3 = 21（才）です。
(2) あきらさんとさとしさんの年齢を合わせた数はかおるさんの年齢と同じだから21才です。また，あきらさんはさとしさんより5才年上であることから，和差算で求めます。
(21 − 5) ÷ 2 = 8（才）

1 (1)D4　E2　(2)2　(3)6

解説

1 (1) 問題文をよく読んで、ルールを理解することが大切です。

Cに2が入るとき、いちばん右の列には2と3が入っています。縦の列には、異なる数字が入るので、BとDには1か4のどちらかが入ります。また、上から3列目には、3と4が入っているので、Bには4は入りません。したがって、Bには1、Dには4が入ります。

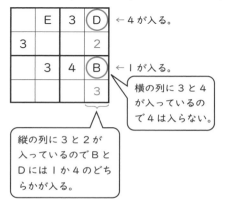

←4が入る。

←1が入る。

横の列に3と4が入っているので4は入らない。

縦の列に3と2が入っているのでBとDには1か4のどちらかが入る。

BとDに入る数字がわかったので、他のマスに入る数字を考えていきます。

右上の2×2マスのブロックには、1,2,3,4の異なる数字が入るので、残りのマスに1が入るとわかります。同じように、2×2マスのブロックや、縦の列、横の列を見て、入る数字を考えていくと、下のようになります。

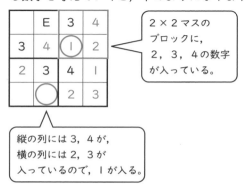

2×2マスのブロックに、2,3,4の数字が入っている。

縦の列には3,4が、横の列には2,3が入っているので、1が入る。

Eのマスの縦の列を見ると、4,3,1が入ることがわかるので、Eには2が入ります。

(2) (1)と同じようにして、Cに1が入るとき、他のマスに入る数字を考えます。

	E	3	4
3	4	2	1
	3	4	2
	F	1	3

縦の列には3,4が、横の列には1,3が入っているので、2が入る。

(3) Cが4のときは、BとDに1か2が入りますが、1つに決まりません。

・Bに1、Dに2が入るとき

4	1	3	2
3	2	1	4
2	3	4	1
1	4	2	3

1	4	3	2
3	2	1	4
2	3	4	1
4	1	2	3

・Bに2、Dに1が入るとき

4	2	3	1
3	1	2	4
1	3	4	2
2	4	1	3

2	4	3	1
3	1	2	4
1	3	4	2
4	2	1	3

E,Fに入る数字が1つに決まらないので、数字の入り方は上の4つの場合が考えられます。Cに1,2が入るときと合わせて、全部で6つの数字の入れ方があるとわかります。

1
(1)
```
    28
  + 39
　　67
```
(2)
```
   319
  +172
   491
```
(3)
```
  2840
 +3367
  6207
```
(4)
```
   150
  − 68
    82
```
(5)
```
   702
  −573
   129
```
(6)
```
  5921
 −3223
  2698
```

2 (1) 691 (2) 800 (3) 72 (4) 400

3 (1) 45 (2) 3 (3) 38
(4) 11 (5) 10 (6) 16

4 (1) 6 (2) 6 (3) 6 (4) 9 (5) 5 (6) 1

5 (1) $\frac{2}{4}$ (2) $\frac{4}{6}$ (3) $\frac{5}{7}$ (4) $\frac{2}{10}$

(5) $\left(\frac{3}{3}\right)$ 1 (6) $\frac{3}{5}$

6 (1) 135 (2) 5 (3) ① 5 ② 318
(4) 4013 (5) 190 (6) 3600

7 (1) 24人 (2) 9ばい

8 ウ→エ→ア→イ

9 (しき) 85 + 26 = 111
(答え) 111円

10 (しき) 7 × 5 + 4 = 39
(答え) 39こ

11 (しき) 4 × 2 = 8, 480 ÷ 8 = 60,
　　　　60 − 15 = 45
(答え) 45まい

12 2時間55分

13 (しき) (62 − 3 + 4) ÷ 3 = 21,
　　　　21 + 3 = 24
(答え) 24

14 (しき) 3 + 5 = 8, 16 ÷ 8 = 2
(答え) 2dL

解説

1 千の位どうし，百の位どうし，十の位どうし，一の位どうしを計算します。繰り上がりの場合は一つ上の位に 1 をたし，繰り下がりの場合は一つ上の位から 1 をひきます。

(3)
```
  １１１
  2840
 +3367
  6207
```
一の位…0 + 7 = 7
十の位…4 + 6 = 10
　　→百の位に 1 繰り上げます。
百の位…繰り上げた 1 と 8 で 9
9 + 3 = 12
　　→千の位に 1 繰り上げます。
千の位…繰り上げた 1 と 2 で 3
3 + 3 = 6
したがって，答えは 6207 になります。

(6)
```
   ８１１
  5921
 −3223
  2698
```
一の位…十の位から 1 繰り下げます。11 − 3 = 8
十の位…1 繰り下げたので 1 百の位から 1 繰り下げます。
11 − 2 = 9
百の位…1 繰り下げたので 8
8 − 2 = 6
千の位…5 − 3 = 2

2 たして何十，ひいて何十になる計算からすると，簡単になります。
(1) 291 + (122 + 278) = 291 + 400 = 691
(2) 875 − 255 + 180 = 620 + 180 = 800
(3) 173 + 107 − 208 = 280 − 208 = 72
(4) 656 + 254 − 510 = 910 − 510 = 400

3 (1) ( ) の中→かけ算の順に計算します。
( ) の中を先に計算すると，3 + 6 = 9 なので，5 × 9 の式になります。
(2) かけ算を先に計算します。
17 − 2 × 7 = 17 − 14 = 3
(3) 2 つのかけ算を先に計算したあと，たし算をします。4 × 2 + 6 × 5 = 8 + 30 = 38
(4) 2 つのかけ算を先に計算したあと，ひき算をします。9 × 3 − 2 × 8 = 27 − 16 = 11
(5) ( ) の中→かけ算→ひき算の順に計算します。( ) の中を計算すると，7 − 2 = 5 となるので，つぎにかけ算をして 5 × 3 = 15 となります。したがって，ひき算は 25 − 15 の式になります。
(6) ( ) の中→かけ算の順に計算します。( ) の中を計算すると，5 − 3 = 2 となるので，2 × 2 × 4 の式になります。3 つのかけ算の式では，かける順番を変えても答えは同じにな

ります。

4 わる数の段の九九を使って答えを求めます。

(1) $4 \times \square = 24$　□にあてはまる 6 が，わり算の答えです。

5 分母が同じ分数のたし算は，分子どうしをたして，ひき算は，分子どうしをひいて求めます。

(5) $\dfrac{1}{3} + \dfrac{2}{3} = \dfrac{3}{3}$ で，$\dfrac{3}{3}$ とは，1 を 3 つに分けたうちの 3 つ分を意味しているので，1 と同じです。

(6) $1 = \dfrac{5}{5}$ より，$1 - \dfrac{2}{5} = \dfrac{5}{5} - \dfrac{2}{5} = \dfrac{3}{5}$

6 (1) 1 時間 = 60 分なので，2 時間 = 60 分 × 2 = 120 分，120 + 15 = 135 より，135 分です。

(2) 60 秒 = 1 分なので，$60 \times \square = 300$ より，□ = 5 だから，300 秒 = 5 分です。

(3) 1000m = 1km だから，5000m = 5km です。

(4) 1cm = 10mm，1m = 100cm だから，1m = 1000mm です。4m = 4000mm だから，4m1cm3mm = 4000mm + 10mm + 3mm = 4013mm です。

(5) 1L = 10dL なので，19L = 190dL です。

(6) 1L = 1000mL，1dL = 100mL だから，3L6dL = 3000mL + 600mL = 3600mL です。

7 (1) 点数が 5 点から 10 点までのそれぞれの人数をグラフから読み取ると，4 人，6 人，8 人，7 人，3 人，2 人だから，合計は，4 + 6 + 8 + 7 + 3 + 2 = 30（人）です。また，1 点から 4 点までの人数は，1 点は 0 人で，2 点から，2 人，3 人，1 人だから，2 + 3 + 1 = 6（人）です。よって，人数のちがいは，30 - 6 = 24（人）です。

(2) 2 年生全体の人数は 30 + 6 = 36（人）で，5 点の人は 4 人だから，36 ÷ 4 = 9 より，9 倍です。

8 アは直角です。ウとエは直角よりも小さい角で，イは直角よりも大きい角です。

9 はじめに持っていた金額は，メモ帳の値段 85 円と残った金額の 26 円をたすと求められます。「26 円残った」という言葉から，ひき算を

しないように注意します。85 + 26 = 111（円）

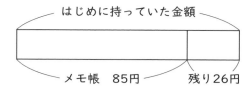

10 あめが 7 個ずつ入った袋が 5 袋あるので，7 × 5，さらに家にあめが 4 個あるから，7 × 5 + 4 = 39（個）です。

11 1 枚のファイルには，4 × 2 = 8（枚）ずつ折り紙を入れます。必要なファイルは，480 ÷ 8 = 60（枚）ですが，15 枚たりなかったので，ファイルは，60 - 15 = 45（枚）あります。

12 家を出て，帰るまでの時間は，正午までは 2 時間 15 分，正午からは 1 時間 20 分なので，合わせて 3 時間 35 分です。行きと帰りにかかる時間の合計は 40 分なので，学校には，3 時間 35 分 - 40 分 = 2 時間 55 分いたことになります。

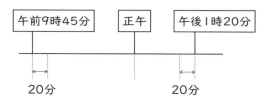

13 3 つの数の和差算です。図から，⑦の数は，(62 - 3 + 4) ÷ 3 = 21 とわかります。⑦は⑦より 3 大きいので，21 + 3 = 24 です。

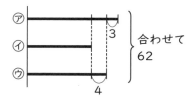

14 ジュースのびん 1 本を，パック 3 本におきかえて考えます。ジュース 16dL 分のパックの数は，3 + 5 = 8（本）だから，16 ÷ 8 = 2（dL）となります。

1 (1) 85　(2) 168　(3) 43
　(4) 73　(5) 111　(6) 58

2 (1) 3470　(2) 1049

3 (1) 9　(2) 7　(3) 8　(4) 7　(5) 9　(6) 6

4 (1) 84　(2) 17　(3) 184
　(4) 62　(5) 276　(6) 9

5 (1) 70　(2) 110　(3) 20
　(4) 20　(5) 4　(6) 30

6 (1) 4 時間 50 分　(2) 9 時間 27 分
　(3) 2 時間 26 分

7 (1) 3　(2) ① 6　② 790
　(3) ① 2　② 890　(4) ① 2　② 2

8 (1) ① 12　② 6　③ 13　④ 6　⑤ 4
　　⑥ 33　⑦ 31　⑧ 96
　(2) 1 組

9 (1) 22cm　(2) 4 こ

10 (しき) 635 − 346 = 289
　(答え) 289 円

11 (しき) 10 × 7 × 4 = 280,
　　　　10 × 2 = 20,
　　　　280 + 20 = 300
　(答え) 300 ページ

12 (しき) $\frac{1}{6} + \frac{2}{6} = \frac{3}{6}$, $1 - \frac{3}{6} = \frac{3}{6}$
　(答え) $\frac{3}{6}$

13 (しき) 8 × 5 − 2 × (5 − 1) = 32
　(答え) 32cm

14 (しき) 6 + 2 + 1 = 9, 63 ÷ 9 = 7,
　　　　7 × 6 = 42, 7 × 2 = 14
　(答え) そらさん 7 才, 母 42 才, 姉 14 才

解説

1 3 つの数の計算の中にひき算が混ざっているときは, 左から順に 2 つずつ計算します。
(1) 23 + 47 = 70　70 + 15 = 85
(2) 25 + 68 = 93　93 + 75 = 168
(3) 86 − 24 = 62　62 − 19 = 43
(4) 28 + 88 = 116　116 − 43 = 73

(5) 137 − 84 = 53　53 + 58 = 111
(6) 92 + 35 = 127　127 − 69 = 58

2 千が何個, 百が何個, 十が何個, 一が何個あるかで数を表すことができます。0 がある位に注意して書きましょう。

(1)
千の位	百の位	十の位	一の位
3	4	7	0

(2)
千の位	百の位	十の位	一の位
1	0	4	9

3 九九が言えるか確認しましょう。九九が言えずにつまる段があったり, 間違えが多い段があったりする場合は, よく復習して覚えるようにしましょう。

4 先にかけ算の部分の計算をしてから, 左から順に計算をします。
(1) 10 × 5 + 34 = 50 + 34 = 84
(2) 20 × 0 + 17 = 0 + 17 = 17
(3) 40 × 6 − 56 = 240 − 56 = 184
(4) 2 × 70 − 78 = 140 − 78 = 62
(5) 6 + 9 × 30 = 6 + 270 = 276
(6) 99 − 3 × 30 = 99 − 90 = 9

5 (1)(2) わり算→たし算の順に計算します。
(1) 120 ÷ 6 + 50 = 20 + 50 = 70
(2) 30 + 320 ÷ 4 = 30 + 80 = 110
(3) わり算→ひき算の順に計算します。
　　80 − 360 ÷ 6 = 80 − 60 = 20
(4)〜(6) 左から順に計算します。
(4) 420 ÷ 7 = 60　60 ÷ 3 = 20
(5) 180 ÷ 9 = 20　20 ÷ 5 = 4
(6) 630 ÷ 7 = 90　90 ÷ 3 = 30

6 時間と分はそれぞれで計算します。
(1) 1 時間 + 3 時間 = 4 時間, 20 分 + 30 分 = 50 分なので, 4 時間 50 分となります。
(2) 5 時間 + 3 時間 = 8 時間, 48 分 + 39 分 = 87 分だから, 8 時間 87 分 = 9 時間 27 分となります。
(3) 4 時間 22 分 = 3 時間 82 分ですので, 3 時間 − 1 時間 = 2 時間, 82 分 − 56 分 = 26 分なので, 2 時間 26 分となります。

7 (1) 600m × 5 ＝ 3000m ＝ 3km

(2) 10km210m － 3km420m

＝ 9km1210m － 3km420m ＝ 6km790m

(3) 6L820mL － 3L930mL

＝ 5L1820mL － 3L930mL ＝ 2L890mL

(4) 10L3dL － 2L4dL

＝ 9L13dL － 2L4dL ＝ 7L9dL

7L9dL － 5L7dL ＝ 2L2dL

8 (1) 縦の列や横の行の数字を見て，1ますのみ
空いている列や行から求めます。①を含む行
は，①＋14＋15＝41ですから，①＝12
です。

同様に，④を含む行は10＋8＋④＝24だ
から④＝6となります。

⑤を含む行は8＋⑤＋6＝18だから，⑤＝
4です。

②を含む列は，14＋②＋8＋4＝32より，
②＝6です。同様に，⑥を含む列は，

12＋3＋10＋8＝⑥より⑥＝33，

⑦を含む列は15＋4＋6＋6＝⑦より，⑦
＝31です。また，③を含む行は，

3＋6＋4＝③だから③＝13，

⑧を含む行は，33＋32＋31＝⑧より，⑧
＝96となります。

(2) 表から読み取ると，1組は33人，2組は32人，
3組は31人ですから，人数がいちばん多い
のは1組だとわかります。

9 (1) アの面と向かい合う面は，アと同じ形だか
ら，まわりの長さは，7＋4＋7＋4＝22(cm)
です。

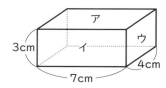

(2) アの面に直角に交わる面は，アの面と向かい
合う面以外の，アのまわりにある4つの面です。

10 バナナの値段は，代金635円からりんごの値
段346円をひくと求められます。

635 － 346 ＝ 289（円）です。

11 10ページずつ1週間読むと，

10 × 7 ＝ 70（ページ）読むことになり，これ
を4週間続けるので，1つの式にまとめると，

10 × 7 × 4 ＝ 10 × 28 ＝ 280（ページ）とな
ります。

ここに，もう2日分の10 × 2 ＝ 20（ページ）
をたします。したがって，280 ＋ 20 ＝ 300(ペー
ジ)となります。「残り2日」から280 ＋ 2と
しないように気をつけましょう。

12 みさきさんとこうきさんが食べたピザは，1

枚のピザ全体を1とすると，1つのピザの$\frac{1}{6}$ ＋

$\frac{2}{6}$ ＝ $\frac{3}{6}$です。残ったピザは，全体の1から$\frac{3}{6}$

をひきます。したがって，1 － $\frac{3}{6}$ ＝ $\frac{3}{6}$

13 リボンを重ねずにつなげた長さから，2cm ず
つ重ねた分の長さをひいて求めます。

8 × 5 － 2 × (5 － 1) ＝ 40 － 2 × 4 ＝ 40 － 8
＝ 32(cm)になります。

14 年齢を題材にした，分配算の問題です。母と
姉の年齢がそらさんの6倍と2倍ですから，3
人の年齢の和の63才が，そらさんの年齢の，

6 ＋ 2 ＋ 1 ＝ 9（倍）であることから求めます。
したがって，そらさんの年齢は63 ÷ 9 ＝ 7（才）
となり，母はそらさんの6倍だから7 × 6 ＝ 42
(才)，姉はそらさんの2倍だから7 × 2 ＝ 14(才)
となります。

最高クラス問題集

問題集

算　数
小学2年

問題編

旺文社

最高クラス

問題集

算　数
小学2年

問題
編

旺文社

1 たし算・ひき算の ひっ算①

ねらい▶ 筆算を使って，2桁のたし算とひき算の計算をできるようにする。

★ 標準レベル　　🕐15分　　／100　　答え7ページ

1 つぎの 計算を しなさい。〈4点×8〉

(1)　　57
　　　+21

(2)　　34
　　　+45

(3)　　61
　　　+13

(4)　　40
　　　+37

(5)　　95
　　　−63

(6)　　86
　　　−55

(7)　　38
　　　−12

(8)　　65
　　　−45

2 つぎの 計算を ひっ算で しなさい。〈5点×6〉

(1) 54 + 42

(2) 26 + 53

(3) 18 + 31

(4) 85 − 64

(5) 59 − 12

(6) 64 − 20

3 りくさんは 赤い 色紙を 14まいと，青い 色紙を 32まい もっています。りくさんは 色紙を ぜんぶで 何まい もっています か。〈6点〉

（しき）

4 さくらさんは 本を 朝に 12ページ 読み，夜に 27ページ 読みました。あわせて 何ページ 読みましたか。〈6点〉

（しき）

5 みんなで あめを 23こ 食べました。すると，あめは 16こ あまりました。あめは はじめに 何こ ありましたか。〈7点〉

（しき）

6 鳥が 35羽 いました。12羽 とんでいくと，何羽 のこりま すか。〈6点〉

（しき）

7 はるかさんは 96円の ものを 買おうとしましたが，15円 たりませんでした。はるかさんは 何円 もっていましたか。〈6点〉

（しき）

8 りんごが 37こ，みかんが 14こ あります。どちらが 何こ 多いですか。〈7点〉

（しき）

が	こ 多い。

1 つぎの 計算を しなさい。〈4点×8〉

(1)
$$46 + 35$$

(2)
$$16 + 58$$

(3)
$$34 + 18$$

(4)
$$24 + 56$$

(5)
$$52 - 14$$

(6)
$$91 - 48$$

(7)
$$43 - 17$$

(8)
$$60 - 36$$

2 つぎの 計算を ひっ算で しなさい。〈4点×9〉

(1) 25 + 16

(2) 36 + 46

(3) 18 + 45

(4) 24 + 27

(5) 95 − 68

(6) 51 − 14

(7) 82 − 68

(8) 67 − 29

(9) 53 − 45

3 花だんに チューリップが 14本と, パンジーが 29本 さいています。あわせて 何本 さいていますか。〈5点〉

（しき）

4 金魚が 35ひき いた 水そうに, 18ひきの 金魚を 入れました。この 水そうに いる 金魚は 何びきですか。〈5点〉

（しき）

5 ゆいさんは 12才で, お母さんは ゆいさんより 29才 年上です。お母さんは 何才ですか。〈6点〉

（しき）

6 教室に こどもが 31人 いました。17人 帰ると, のこりは何人ですか。〈5点〉

（しき）

7 クッキーが 42まい ありました。何まいか くばると, のこりは 25まいに なりました。くばった クッキーは 何まいですか。

〈5点〉

（しき）

8 なわとびで あおいさんは 28回, ひなたさんは 41回 とびました。どちらが 何回 多く とびましたか。〈6点〉

（しき）

| さんが | 回 多い。 |

★★★ 最高レベル　　　⏱30分　　　　／100　　答え9ページ

1 □に　あてはまる　数を　書きなさい。〈5点×9〉

(1)
```
  2 □
+ 4 8
─────
  □ 9
```

(2)
```
  3 4
+ 1 □
─────
  5 1
```

(3)
```
  □ 5
+ 4 9
─────
  8 4
```

(4)
```
  5 □
+ □ 8
─────
  8 7
```

(5)
```
  1 4
+ 2 □
─────
  □ 0
```

(6)
```
  9 □
- 2 2
─────
  □ 6
```

(7)
```
  6 □
- 3 4
─────
  2 7
```

(8)
```
  8 1
- □ 9
─────
  5 □
```

(9)
```
  □ 0
- 2 □
─────
  2 3
```

2 チョコは　55円，キャンディは　32円，ラムネは　38円で売っています。ラムネと　チョコを　買うと，だい金は　いくらに　なりますか。〈8点〉

（しき）

3 テストで　あいさんは　82点，るいさんは　67点，さきさんは　85点でした。点数が　いちばん　高い人と　ひくい人では，何点　ちがいますか。〈8点〉

（しき）

4 バスに はじめ 12人 のっていました。つぎの バスていで 13人 のってきました。さらに つぎの バスていで 18人 のってきました。このとき，バスには 何人 のっていますか。〈9点〉

（しき）

5 赤い カードが 67まい あります。白い カードは 赤い カードより 13まい 少なく，青い カードは 白い カードより 25まい 少ないです。青い カードは 何まい ありますか。〈10点〉

（しき）

6 紙コップが 25こ，クリップが 46こ，かんでんちが 19こ あります。それぞれ 1つずつ つかって，うごく 人形を 作ります。

(1) 紙コップと クリップと かんでんちは，あわせて 何こ ありますか。〈10点〉

（しき）

(2) できるだけ 多くの うごく 人形を 作るとき，クリップは 何こ あまりますか。〈10点〉

（しき）

2　たし算・ひき算の　ひっ算②

ねらい 筆算を使って，答えが3桁になるたし算や，3桁−2桁のひき算の計算をできるようにする。

★　**標準レベル**　　　🕐 15分　　　／100　　答え **10**ページ

1 つぎの　計算を　しなさい。〈4点×8〉

(1)　　81
　　　+65

(2)　　51
　　　+76

(3)　　74
　　　+64

(4)　　58
　　　+81

(5)　　142
　　　− 61

(6)　　163
　　　− 90

(7)　　106
　　　− 35

(8)　　158
　　　− 94

2 つぎの　計算を　ひっ算で　しなさい。〈5点×6〉

(1) 72 + 47

(2) 93 + 62

(3) 53 + 56

(4) 114 − 21

(5) 169 − 88

(6) 145 − 74

3 ある学校の 1年生は 62人，2年生は 73人 います。1年生と 2年生は あわせて 何人 いますか。〈6点〉

（しき）

4 みさきさんは，96この おはじきを もっていました。りょうさんから おはじきを 61こ もらいました。おはじきは ぜんぶで 何こに なりましたか。〈6点〉

（しき）

5 にんじんは 56円です。玉ねぎは にんじんより 52円 高く 売っています。玉ねぎは いくらで 売っていますか。〈7点〉

（しき）

6 おり紙を 127まい もっています。45まい つかうと，のこりは 何まいに なりますか。〈6点〉

（しき）

7 ねこと 犬が あわせて 118ひき います。犬は 52ひきです。ねこは 何びきですか。〈6点〉

（しき）

8 えいたさんは 156こ，かえでさんは 93この どんぐりを ひろいました。どちらが 何こ 多く，どんぐりを ひろいましたか。

〈7点〉

（しき）

| さんが | こ 多い。 |

★★　上級レベル　　　🕐 25分　　　／100　　答え 11 ページ

1 つぎの　計算を　しなさい。〈4点×8〉

(1)　　9 5
　　＋6 7

(2)　　4 9
　　＋5 9

(3)　　6 3
　　＋4 8

(4)　　4 6
　　＋7 4

(5)　　1 5 2
　　－　7 5

(6)　　1 8 5
　　－　9 7

(7)　　1 4 3
　　－　4 9

(8)　　1 0 0
　　－　2 3

2 つぎの　計算を　ひっ算で　しなさい。〈4点×9〉

(1) 64 ＋ 78

(2) 57 ＋ 65

(3) 72 ＋ 59

(4) 87 ＋ 13

(5) 113 － 59

(6) 126 － 39

(7) 131 － 75

(8) 120 － 34

(9) 100 － 42

3 おりづるを，きのうは　49羽，今日は　67羽　作りました。あわせて　何羽に　なりましたか。〈5点〉

（しき）

4 ものがたりの　本が　89さつ，なぞなぞの　本が　28さつ　あります。本は　ぜんぶで　何さつ　ありますか。〈5点〉

（しき）

5 何円かを　もって　お店に　行き，98円の　ガムを　買うと，38円のこりました。はじめ，いくら　もっていましたか。〈6点〉

（しき）

6 161本の　ひもが　あります。92本　つかうと，何本　のこりますか。〈5点〉

（しき）

7 100点まん点の　テストで，87点でした。あと　何点で　100点に　なりますか。〈5点〉

（しき）

8 赤い　ビーズが　69こ，青い　ビーズが　164こ　あります。どちらが　何こ　少ないですか。〈6点〉

（しき）

が	こ　少ない。

★★★ 最高レベル　　🕐 30分　　／100　　答え 12ページ

1 □に　あてはまる　数を　書きなさい。〈5点×9〉

(1)
```
    5 □
  + □ 3
  ─────
  1 3 9
```

(2)
```
    □ 3
  + 7 2
  ─────
  □ 1 5
```

(3)
```
    6 7
  + 5 □
  ─────
  1 □ 5
```

(4)
```
    9 □
  + □ 6
  ─────
  1 3 1
```

(5)
```
    4 □
  + 5 3
  ─────
  1 □ 0
```

(6)
```
    1 □ 6
  -   5 3
  ─────
      7 3
```

(7)
```
    1 6 □
  -   9 1
  ─────
      □ 0
```

(8)
```
    1 □ □
  -   3 9
  ─────
      8 5
```

(9)
```
    1 □ 0
  -   7 9
  ─────
      6 □
```

2 弟は　カードを　86まい　もっています。兄は，弟より　37まい　多く，カードを　もっています。兄は，カードを　何まい　もっていますか。〈8点〉

（しき）

3 れんさんは　あさりを　75こ　とりました。みうさんが　とった　あさりと　あわせると，164こに　なりました。みうさんが　とった　あさりは　何こですか。〈8点〉

（しき）

4 赤い 紙には 84文字, 白い 紙には 127文字, 青い 紙には 49文字 書かれています。

(1) 書かれている 文字が 1番目に 少ないものと, 2番目に 少ないものの, 文字数の 合計は 何文字ですか。〈9点〉

(しき)

（空欄）

(2) 書かれている 文字が 1番 少ないものと, 1番 多いものでは, 何文字 ちがいますか。 〈9点〉

(しき)

（空欄）

5 ヨーグルトは プリンより 28円 やすく, ゼリーは プリンより 33円 やすく, ゼリーは 87円で 売っています。

(1) プリンは いくらで 売っていますか。〈9点〉

(しき)

（空欄）

(2) ヨーグルトと ゼリーを 買うと, だい金は いくらに なりますか。〈12点〉

(しき)

（空欄）

3　たし算・ひき算の　ひっ算③

> ねらい ▶ 2桁の3つの数のたし算とひき算，（　）のある式の計算をできるようにする。

★ 標準レベル　　　　　　　⏱15分　　　／100　答え13ページ

1 つぎの 計算を しなさい。〈5点×4〉

(1)
```
  38
  16
+22
```

(2)
```
  57
  31
+15
```

(3)
```
  76
  85
+49
```

(4)
```
  58
  69
+87
```

2 つぎの 計算を しなさい。〈5点×9〉

(1) 48 + 37 + 12

(2) 69 + 23 + 57

(3) 73 + 46 + 94

(4) 91 − 37 − 15

(5) 76 − 28 − 19

(6) 36 + 42 − 59

(7) 83 + 69 − 95

(8) 76 − 57 + 47

(9) 154 − 76 + 43

3 ジュースが 37本，お茶が 19本，水が 26本 売れました。
ぜんぶで 何本 売れましたか。〈7点〉
（しき）

4 ぜんぶで 86ページの 本が あります。きのう 38ページ
今日 29ページ 読みました。のこりは 何ページですか。〈7点〉
（しき）

5 いつきさんは，おはじきを 71こ もっています。兄から 54
こ もらい，妹に 27こ あげると，何こに なりますか。〈7点〉
（しき）

6 電車に 75人 のっていました。42人 おりていき，36人
のってきました。何人 電車に のっていますか。〈7点〉
（しき）

7 ももかさんは 112円 もっていました。69円の けしゴムを
買ったあと，お手つだいを して，55円の おこづかいを もらいま
した。ももかさんは いくら もっていますか。〈7点〉
（しき）

★★ 上級レベル　　　　　🕐 25分　　　／100　　答え 14ページ

1 つぎの 計算を しなさい。ただし，（ ）の ある しきでは，（ ）の 中を ひとまとまりとみて，先に 計算します。〈4点×9〉

(1) 32 ＋ (49 ＋ 26)　　(2) 68 ＋ (85 ＋ 27)　　(3) 82 ＋ (49 ＋ 38)

(4) 97 － (42 ＋ 39)　　(5) 81 － (16 ＋ 36)　　(6) 164 － (37 ＋ 79)

(7) 75 － (53 － 24)　　(8) 83 － (54 － 18)　　(9) 142 － (71 － 36)

2 つぎの 計算を くふうして しなさい。〈5点×6〉

(1) 36 ＋ 56 ＋ 14　　(2) 25 ＋ 92 ＋ 48　　(3) 77 ＋ 61 ＋ 59

(4) 42 ＋ 87 ＋ 28　　(5) 57 ＋ 32 ＋ 33　　(6) 97 ＋ 56 ＋ 53

3 たて，よこ，ななめに 数字を たした とき，すべて 同じ 数に なるように します。あいている □に あてはまる 数を 書きなさい。〈10点〉

①	②	36
③	49	33
62	④	⑤

4 赤い 花が 37本，黄色い 花が 29本，白い 花が 43本 さいています。りんさんが 38本，はるかさんが 45本 つみました。花は のこり 何本 さいていますか。〈8点〉

(しき)

5 115まいの シールが ありました。姉に 23まい，弟に 48まい くばったあと，お父さんから 31まい，お母さんから 26まい もらいました。シールは のこり 何まいですか。〈8点〉

(しき)

6 はやとさんと ななみさんが ゲームを しました。はやとさんは 1回目に 87点で，2回目は 1回目より 34点 多く，3回目は 2回目より 27点 少なかったです。ななみさんは 1回目に 95点で，2回目は 1回目より 12点 少なく，3回目は 2回目より 48点多かったです。3回目は どちらが 何点 多かったですか。

〈8点〉

(しき)

さんが　　　　　　　　　　点　多かった。

★★★ 最高レベル　　　🕐30分　　　／100　　答え15ページ

1 □に　あてはまる　数を　書きなさい。〈5点×6〉

(1) 26 + □ + 95 = 178

(2) □ − 37 + 51 = 108

(3) 92 + □ − 95 = 46

(4) 79 − □ − 24 = 37

(5) 86 − (19 + □) = 29

(6) 68 − (□ − 79) = 56

2 □に　あてはまる　数を　書きなさい。〈5点×6〉

(1)
```
    4 5
  □   9
+ 2   □
─────
  9 2
```

(2)
```
  □ 4
    5 3
+ 1   □
─────
  9 5
```

(3)
```
    7 2
    4 □
+   □ 4
─────
  □ 4 3
```

(4)
```
    6 □
    3 9
+   □ 3
─────
  2 □ 0
```

(5)
```
  □   1
    9 □
+   7 7
─────
  □ 5 3
```

(6)
```
  □   2
    8 5
+   9 □
─────
  □ 4 3
```

3 たて，よこ，ななめに　数字を　たしたとき，すべて　同じ　数に　なるように　します。あいている□に　あてはまる　数を　書きなさい。〈10点〉

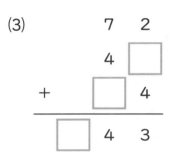

①	②	③
24	④	⑤
35	⑥	27

4 46円の みかんを 2こと 68円の りんごを 1こ 買おう と したところ, 8円 たりませんでした。そこで, みかんを 1こ, り んごを 1こ, かごを 1こ 買ったところ, 13円 のこりました。かご は いくらでしたか。〈10点〉

（しき）

5 いちごの あめと, レモンの あめと, ぶどうの あめが ぜん ぶで 195こ ありました。いちごの あめは ぶどうの あめより 15こ 少ないです。ぶどうの あめを 29こ あげると, ぶどうの あめは 57こに なりました。レモンの あめは 何こ ありましたか。

〈10点〉

（しき）

6 自てん車に のれるか のれないかの アンケートを とりまし た。1年生で のれる 人は 39人, のれない 人は 96人でした。 2年生の 人数は 1年生より 6人 多く, のれる 人は 1年生の のれる 人より 18人 多かったです。3年生は 137人いて, の れない 人は 2年生の のれない 人より 29人 少なかったです。 3年生で のれる 人は 何人ですか。〈10点〉

（しき）

復習テスト①

⏱ 25分　　／100　　答え 16ページ

1 つぎの 計算を しなさい。〈4点×8〉

(1)
```
  2 4
+ 5 3
```

(2)
```
  9 1
+ 4 6
```

(3)
```
  7 3
+ 6 9
```

(4)
```
  1 8
  4 7
+ 2 2
```

(5)
```
  4 9
- 1 2
```

(6)
```
  7 1
- 3 8
```

(7)
```
  8 3
- 2 4
```

(8)
```
  3 6
- 2 7
```

2 つぎの 計算を ひっ算で しなさい。〈4点×8〉

(1) 24 + 72　　(2) 88 + 41　　(3) 57 + 64　　(4) 68 + 96

(5) 23 − 11　　(6) 56 − 38　　(7) 83 − 56　　(8) 42 − 39

3 犬が 45 ひきと, ねこが 59 ひき います。ぜんぶで 何びき いますか。〈7点〉

（しき）

---

4 みおさんは, 妹に ぬいぐるみを 17 こ あげました。のこり は 34 こに なりました。はじめ, みおさんは ぬいぐるみを 何こ もっていましたか。〈7点〉

（しき）

---

5 はるとさんの 姉は 13 才, 父は 38 才です。姉と 父は 何 才 ちがいますか。〈7点〉

（しき）

---

6 いおりさんは, 先月 64 ページ もんだいを とき, 今月は 80 ページ もんだいを とく つもりです。今月は 先月より 何 ページ 多く もんだいを とく つもりですか。〈7点〉

（しき）

---

7 はたけで ナスと ピーマンと トマトを あわせて 156 こ しゅうかくしました。ナスは 23 こ, ピーマンは 48 こ でした。ト マトは 何こ しゅうかくしましたか。〈8点〉

（しき）

復習テスト②

⏱ 25分　　／100　　答え17ページ

1 つぎの 計算を しなさい。〈4点×8〉

(1)　　 5 6
　　 ＋3 1

(2)　　 4 1
　　 ＋8 2

(3)　　 7 9
　　 ＋5 7

(4)　　 2 7
　　　 5 5
　　 ＋6 9

(5)　　 5 8
　　 －2 3

(6)　　 8 1
　　 －4 2

(7)　　 7 4
　　 －2 6

(8)　　 6 0
　　 －1 8

2 つぎの 計算を ひっ算で しなさい。〈4点×8〉

(1) 62 ＋ 25　　(2) 36 ＋ 91　　(3) 45 ＋ 68　　(4) 94 ＋ 77

(5) 48 － 32　　(6) 91 － 28　　(7) 75 － 39　　(8) 31 － 27

3 赤ペンが 35本, 青ペンが 42本 あります。あわせて 何本 ありますか。〈7点〉

（しき）

4 りつさんは 魚を 29ひき つりました。れいさんは りつさん より 13びき 多くの 魚を つりました。れいさんは 魚を 何び き つりましたか。〈7点〉

（しき）

5 そうまさんは, お手玉を きのうは 48回, 今日は 75回 や りました。今日は きのうより 何回 多く やりましたか。〈7点〉

（しき）

6 もんだいが ぜんぶで 84もん あります。今日, 19もん や りました。のこりは 何もんですか。〈7点〉

（しき）

7 2年生 93人の うち, ピアノだけを ならっている 人は 28人, 水えいだけを ならっている 人は 25人, ピアノと 水え い どちらも ならっている 人は 9人 います。ピアノも 水えい も ならっていない 人は 何人ですか。〈8点〉

（しき）

4 100より 大きい 数

ねらい 3桁や4桁の数のしくみや大小関係などを理解する。

★ **標準レベル**　　　🕐 15分　　　／100　　　答え **18**ページ

1 つぎの 数を 数字で 書きなさい。〈3点×4〉

(1) 五百 [　　　]

(2) 七百四十 [　　　]

(3) 八百十七 [　　　]

(4) 六百五十三 [　　　]

2 つぎの 数を かん字で 書きなさい。〈3点×4〉

(1) 540 [　　　]

(2) 807 [　　　]

(3) 124 [　　　]

(4) 295 [　　　]

3 □に あてはまる 数や ことばを 答えなさい。〈6点×3〉

(1) 571の 百の位の 数字は [①　　], 十の位の 数字は [②　　],

一の位の 数字は [③　　] です。

(2) 802の 8は [①　　] の位, 0は [②　　] の位, 2は [③　　] の位の

数字です。

(3) 164は 100を [①　　] こ, 10を [②　　] こ, 1を [③　　] こ

あわせた 数です。

4 つぎの 数を 書きなさい。

(1) 100を 7こ, 10を 9こ, 1を 4こ あわせた 数 〈5点〉

(2) 一の位が 6, 十の位が 1, 百の位が 2の 数 〈5点〉

(3) 一の位が 0, 十の位が 5, 百の位が 8の 数 〈6点〉

5 □に あてはまる ＞, ＜の どちらかを 書きなさい。〈6点×4〉

(1) 338 □ 267

(2) 817 □ 825

(3) 413 □ 419

(4) 510 □ 509

6 □に あてはまる 数を 書きなさい。〈6点×3〉

(1)
① □ ② □
398   400   402

(2)
① □ ② □
580   600 610

(3)
① □ ② □
650   750 800

★★ 上級レベル　　　　　🕐 25分　　　　　／100　　答え 18 ページ

1 つぎの　数を　数字で　書きなさい。〈3点×4〉

(1) 九千七百六十 　　　　　　　　(2) 八千五十二

(3) 千三百五 　　　　　　　　　(4) 四千二

2 つぎの　数を　かん字で　書きなさい。〈3点×4〉

(1) 2800 　　　　　　　　　　(2) 9720

(3) 4706 　　　　　　　　　　(4) 5034

3 □に　あてはまる　数や　ことばを　答えなさい。〈8点×3〉

(1) 3975 の　千の位の　数字は ①□，百の位の　数字は ②□，

十の位の　数字は ③□，一の位の　数字は ④□ です。

(2) 9408 の　9 は ①□ の位，4 は ②□ の位，0 は ③□ の位，

8 は ④□ の位の　数字です。

(3) 1258 は　1000 を ①□ こ，100 を ②□ こ，10 を ③□ こ，

1 を ④□ こ　あわせた数です。

4 つぎの 数を 書きなさい。

(1) 1000 を 6こ，10 を 5こ，1 を 2こ あわせた 数 〈3点〉

(2) 一の位が 5，十の位が 8，百の位が 2，千の位が 3の 数 〈3点〉

(3) 一の位が 3，十の位が 0，百の位が 1，千の位が 2の 数 〈4点〉

5 □に あてはまる ＞，＜の どちらかを 書きなさい。〈6点×4〉

(1) 8373 □ 7964

(2) 3911 □ 4011

(3) 4022 □ 3796

(4) 9156 □ 9086

6 □に あてはまる 数を 書きなさい。〈6点×3〉

(1)
① ___ 5600 5800 ② ___ 6200

(2)
① ___ 5000 ② ___ 6000 ③ ___

(3)
7500 ① ___ ② ___ 8000 ③ ___

★★★ 最高レベル　　🕐30分　　／100　　答え19ページ

1 □に あてはまる 数を 書きなさい。〈5点×3〉

(1) 7200 は 100 を ☐ こ あつめた 数です。

(2) ①☐ を 45 こ, ②☐ を 21 こ あわせた 数は,

4710 です。

> ①, ②には, 1000, 100, 10, 1の どれかが 入ります。

(3) ☐ より 150 大きい 数は, 6050 です。

2 数の 小さい じゅんに ならべなさい。〈5点×2〉

(1) 551, 548, 550, 549, 539

☐ , ☐ , ☐ , ☐ , ☐

(2) 8471, 8147, 8174, 8741, 8417

☐ , ☐ , ☐ , ☐ , ☐

3 0～9の うち □に あてはまる 数字を ぜんぶ 書きなさい。〈6点×4〉

(1) 1□39 > 1540

(2) 5937 > 59□8

(3) 6047 < 60□9 < 6089

(4) 3124 < 3□57 < 3460

4 ⓪, ③, ④, ⑦ の カードを １まいずつ つかって つくる ことが できる ４けたの 数の うち, 3500 に いちばん 近い 数を 書きなさい。〈10点〉

5 ⓪, ②, ③, ⑥, ⑦ の ５まいの カードのうち, ４まいの カードを １まいずつ つかって つくることが できる 数の うち, 7450 に いちばん 近い 数を 書きなさい。〈10点〉

6 410 より 大きく, 470 より 小さい 数の うち, 一の位が 3 で, 百の位の 数が 十の位の 数より 小さい 数を すべて 書きなさい。〈10点〉

7 3380 円の 買いものを します。1000 円さつを ２まい つかい, のこりを 500 円玉, 100 円玉, 50 円玉, 10 円玉で はらいます。出す お金の まい数が いちばん 少なくなるように するとき, それぞれ 何まい 出せば よいですか。〈10点〉

500 円玉… ⬚ , 100 円玉… ⬚

50 円玉… ⬚ , 10 円玉… ⬚

8 5000 円さつが １まい, 1000 円さつが ２まい, 100 円玉が ８まい, 50 円玉が 12まい, 10 円玉が 10まい あります。10000 円に するには, 500 円玉が 何まい あれば よいですか。〈11点〉

学習日　月　日

5　3けたの　数の　たし算・ひき算

ねらい 3桁の数のたし算とひき算の筆算をできるようにする。

★　標準レベル　　🕐15分　　／100　答え20ページ

1 つぎの　計算を　しなさい。〈4点×8〉

(1)
```
  1 5 4
+   3 8
```

(2)
```
  7 3 5
+   8 1
```

(3)
```
  5 7 9
+   4 2
```

(4)
```
  9 7 4
+   2 9
```

(5)
```
  7 3 9
-   5 1
```

(6)
```
  4 6 3
-   3 9
```

(7)
```
  9 4 1
-   4 7
```

(8)
```
  3 8 2
-   9 6
```

2 つぎの　計算を　ひっ算で　しなさい。〈4点×6〉

(1) 813 + 59

(2) 193 + 38

(3) 586 + 14

(4) 519 - 32

(5) 932 - 87

(6) 307 - 19

3 およその 数を がい数と いいます。十の位までの がい数に してから，つぎの 計算を しなさい。十の位までの がい数に するには，一の位が 0〜4なら 一の位を 0に します。一の位が 5〜9なら 十の位に 1を たし，一の位を 0に します。〈4点×6〉

（れい） 281 + 58 → 280 + 60 = 340

(1) 613 + 18 　　　(2) 469 + 47 　　　(3) 124 + 84

(4) 482 − 51 　　　(5) 346 − 68 　　　(6) 605 − 79

4 黒い 石が 71こと，白い 石が 186こ あります。石は ぜんぶで 何こ ありますか。〈6点〉

（しき）

5 259円を もって 買いものに 行きました。87円の ボールペンを 買うと，のこりは いくらに なりますか。〈6点〉

（しき）

6 いちごあじの あめと ぶどうあじの あめが あります。いちごあじの あめは 362こで，ぶどうあじの あめは，いちごあじの あめより 59こ 多いです。ぶどうあじの あめは 何こ ありますか。〈8点〉

（しき）

★★　上級レベル　　⏱25分　／100　答え21ページ

1 つぎの　計算を　しなさい。〈4点×8〉

(1)
```
  342
+ 612
```

(2)
```
  551
+ 285
```

(3)
```
  954
+ 368
```

(4)
```
  582
+ 419
```

(5)
```
  936
- 135
```

(6)
```
  721
- 376
```

(7)
```
  446
- 149
```

(8)
```
  603
- 447
```

2 つぎの　計算を　ひっ算で　しなさい。〈4点×6〉

(1) 219 + 702

(2) 593 + 719

(3) 298 + 807

(4) 792 − 466

(5) 832 − 243

(6) 601 − 119

3 つぎの　計算を　くふうして　しなさい。ただし，たし算と　ひき算は，じゅん番を　入れかえても　答えは　同じです。〈4点×3〉

(1) 519 + 125 + 265

(2) 786 + 195 − 496

(3) 357 − 218 + 163

4 かずまさんは, 146ページ ある 本と, 381ページ ある 本を
読みました。ぜんぶで 何ページ 読みましたか。〈5点〉
（しき）

5 ある 小学校には, 男子 269人と 女子 276人が います。
あわせて 何人 いますか。〈5点〉
（しき）

6 おり紙を 447まい つかうと, 379まい のこりました。はじ
め, おり紙は 何まい ありましたか。〈5点〉
（しき）

7 何円かの ぶた肉と 362円の とり肉を 買うと, だい金は
991円でした。ぶた肉は いくらでしたか。〈5点〉
（しき）

8 トマトが 370こ ひつようです。今, 243こ あります。あと
何こ ひつようですか。〈5点〉
（しき）

9 あるお店に, きのうは 687人, 今日は 761人 来ました。き
のうと 今日の どちらが 何人 多く 来ましたか。〈7点〉
（しき）

	が		人 多い。

★★★ 最高レベル　　⏱30分　　／100　　答え22ページ

1 □に　あてはまる　数を　書きなさい。〈4点×12〉

```
(1)      4 7 5        (2)      3 3 □        (3)      4 5 8
      +    1 □              + 1 □ 4              + 1 6 □
      ---------            ---------            ---------
        4 □ 2                □ 5 6                6 □ 6
```

```
(4)      5 6 □        (5)      □ 5 7        (6)      □ 5 □
      +  8 □ 2              + 3 9 □              + 6 □ 2
      ---------            ---------            ---------
      1 □ 8 1            1 0 □ 5              1 0 0 0
```

```
(7)      8 9 2        (8)      6 □ 4        (9)      □ 5 3
      -    1 □              - □ 1 □              - 5 8 □
      ---------            ---------            ---------
        □ 7 6                1 1 3                3 □ 1
```

```
(10)     7 1 □       (11)      □ 3 7       (12)      □ 0 □
      -  □ 7 3              - 6 □ 8              - 3 2 8
      ---------            ---------            ---------
        4 □ 0                1 8 □                1 □ 7
```

2 たて，よこ，ななめに　数字を　たした　とき，すべて　同じ　数に　なるように　します。あいている　□に　あてはまる　数を　書きなさい。〈10点〉

208	①	317
②	③	109
④	⑤	⑥

3 おはじきを，みくさんは 302こ，れんさんは 182こ，まおさんは 321こ もっています。もっている おはじきの 数が いちばん 多い 人と，いちばん 少ない 人では，何こ ちがいますか。

〈8点〉

（しき）

4 リボンが 881本 ありました。みづきさんが 325本 つかい，弟が みづきさんより 48本 少なく つかうと，のこりは 何本に なりますか。〈10点〉

（しき）

5 960円を もって 買いものに 行きました。チーズは 315円，ぎゅうにゅうは チーズより 87円 やすく，魚は ぎゅうにゅうより 175円 高く 売っています。〈12点×2〉

(1) 魚は いくらで 売っていますか。

（しき）

(2) チーズ，ぎゅうにゅう，魚を すべて 買うと，のこりは いくらに なりますか。

（しき）

6　4けたの　数の　たし算・ひき算

ねらい　4桁の数のたし算とひき算の筆算をできるようにする。

★　**標準レベル**　　　🕐 15分　　　／100　　答え **23**ページ

1　つぎの　計算を　しなさい。〈4点×8〉

(1)
```
  3234
+   41
```

(2)
```
  4174
+   32
```

(3)
```
  2845
+   56
```

(4)
```
  2939
+   67
```

(5)
```
  6065
-   33
```

(6)
```
  3559
-   87
```

(7)
```
  5233
-   94
```

(8)
```
  4015
-   69
```

2　つぎの　計算を　ひっ算で　しなさい。〈5点×6〉

(1) 1587 ＋ 61

(2) 2436 ＋ 97

(3) 9958 ＋ 45

(4) 2279 － 94

(5) 2512 － 83

(6) 8013 － 77

3 じゅんさんは, シールを 1774 まい もっていました。姉から 46 まい もらいました。シールは 何まいに なりましたか。〈6点〉

（しき）

4 2136 人 いた げき場に, あとから 87 人 入ってきました。げき場には 何人 いますか。〈6点〉

（しき）

5 ちょ金ばこには 4985 円, さいふには 86 円 入っています。あわせて いくら ありますか。〈6点〉

（しき）

6 ビーズが 5312 こ ありました。96 こ つかうと, のこりは 何こに なりますか。〈6点〉

（しき）

7 ななこさんの 町には 1203 人の 小学生が いて, 34 人が テニスを ならっています。テニスを ならっていない 小学生は 何人ですか。〈7点〉

（しき）

8 ひろとさんは, なわとびを 合計 3000 回 とぼうと しています。今日, 72 回 とびました。あと 何回 とべば よいですか。

〈7点〉

（しき）

答え 24 ページ

★★　上級レベル

⏱ 25分　　　／100

1　つぎの　計算を　しなさい。〈3点×12〉

(1)　　　7607
　　　＋　759

(2)　　　2894
　　　＋　527

(3)　　　1946
　　　＋　758

(4)　　　7335
　　　＋1791

(5)　　　2527
　　　＋3776

(6)　　　8613
　　　＋1398

(7)　　　8874
　　　－　991

(8)　　　3462
　　　－　167

(9)　　　8012
　　　－　369

(10)　　　7627
　　　－5085

(11)　　　5215
　　　－3398

(12)　　　7044
　　　－4577

2　つぎの　計算を　ひっ算で　しなさい。〈4点×6〉

(1) 1452 ＋ 758

(2) 8617 ＋ 7917

(3) 8657 ＋ 1363

(4) 6282 － 291

(5) 9144 － 5573

(6) 7060 － 6392

3 2176 まいの　カードが　ありました。158 まい　タンスから
見つけました。カードは　ぜんぶで　何まいに　なりましたか。〈6点〉
（しき）

4 2473 円の　買いものを　したら，さいふに　4584 円　のこり
ました。はじめ，さいふに　何円　入っていましたか。〈7点〉
（しき）

5 3977 この　ティッシュを　くばりました。あと 1583 こ　のこっ
ています。はじめ，ティッシュは　何こ　ありましたか。〈7点〉
（しき）

6 4026 この　クッキーが　あります。753 こ　売ると，のこりは
何こに　なりますか。〈6点〉
（しき）

7 8920 まいの　おり紙が　ありました。3164 まい　つかうと，
のこりは　何まいに　なりますか。〈7点〉
（しき）

8 きょ年　もらった　おこづかいと，今年　もらった　おこづかい
を　すべて　ちょ金すると，4000 円に　なりました。今年は　2160
円　もらっています。きょ年は　いくら　もらいましたか。〈7点〉
（しき）

★★★ 最高レベル　🕐30分　／100　答え 25ページ

1　□に　あてはまる　数を　書きなさい。〈6点×9〉

(1)
```
     8 3 0 □
  +    8 □ 5
  ─────────
     □ 1 3 6
```

(2)
```
     □ 3 2 2
  +    1 □ 9
  ─────────
     5 □ 1 1
```

(3)
```
     9 3 0 □
  +    8 □ 3
  ─────────
   1 3 □ 7 0
```

(4)
```
     9 2 8 3
  +  □ 2 1 □
  ─────────
   1 7 □ □ 0
```

(5)
```
     6 4 □ 0
  −    1 7 □
  ─────────
     6 □ 7 1
```

(6)
```
     1 □ 0 2
  −    6 □ 3
  ─────────
     6 1 □
```

(7)
```
     8 □ 8 5
  −  6 2 5 □
  ─────────
     □ 9 2 8
```

(8)
```
     3 5 □ 3
  −  □ 8 6 □
  ─────────
     6 8 8
```

(9)
```
     7 □ □ □
  −  5 7 8 5
  ─────────
     □ 6 1 7
```

2　右の　図は　3けたの　数と　4けたの　数の　たし算を　あらわして　います。1つの　文字には　1つの　数字が　たいおうし，同じ　文字には　同じ　数字が　入り，べつの　文字には　べつの　数字が　入る　こととします。

　この　計算が　なり立つような　3けたの　数「NEW」で　もっとも　大きい　数を　もとめなさい。〈駒場東邦中学校〉〈10点〉

```
      N E W
  +  Y E A R
  ─────────
    2 0 2 1
```

3 たて，よこ，ななめに 数字を たしたとき，すべて 同じ 数に なるようにします。あいている □に あてはまる 数を 書きなさい。〈9点〉

①	②	③
④	423	781
494	⑤	⑥

4 何円かを もって 買いものに 行きました。ライトは 1177円で，時計は ライトより1725円 高く，ふでばこは 時計より 1938円 やすく，つくえは ふでばこより 3752円 高く 売っていました。ライトと つくえを 買うと，407円 のこりました。

(1) つくえは いくらで 売っていましたか。〈9点〉

（しき）

(2) はじめ，何円 もっていましたか。〈9点〉

（しき）

5 東えきと，西えきと，南えきと，北えきを つかった 人は あわせて 9627人です。東えきを つかった 人より 南えきを つかった 人は 2047人 少なかったです。東えきと 西えきを つかった 人は あわせて 7539人で，北えきを つかった 人は 876人でした。東えきと 西えきを つかった 人は どちらが 何人 多かったですか。〈9点〉

（しき）

えきを つかった 人が　　　　　　　　　人 多い。

復習テスト③

⏱ 25分　／100　答え26ページ

1 □に　あてはまる　数を　答えなさい。〈4点×3〉

(1) 4127の　千の位の　数字は ①[　]，百の位の　数字は ②[　]，

十の位の　数字は ③[　]，一の位の　数字は ④[　] です。

(2) 1293は　1000を ①[　]こ，100を ②[　]こ，10を ③[　]こ，

1を ④[　]こ　あわせた数です。

(3) 一の位が　5，十の位が　4，百の位が　0，千の位が　7の　数は

[　　　　　] です。

2 つぎの　計算を　しなさい。〈4点×12〉

(1)
$$\begin{array}{r} 435 \\ +\ 51 \\ \hline \end{array}$$

(2)
$$\begin{array}{r} 815 \\ +\ 97 \\ \hline \end{array}$$

(3)
$$\begin{array}{r} 537 \\ +449 \\ \hline \end{array}$$

(4)
$$\begin{array}{r} 358 \\ +482 \\ \hline \end{array}$$

(5)
$$\begin{array}{r} 4572 \\ +\ \ 69 \\ \hline \end{array}$$

(6)
$$\begin{array}{r} 3059 \\ +\ 655 \\ \hline \end{array}$$

(7)
$$\begin{array}{r} 598 \\ -\ 42 \\ \hline \end{array}$$

(8)
$$\begin{array}{r} 953 \\ -\ 94 \\ \hline \end{array}$$

(9)
$$\begin{array}{r} 557 \\ -192 \\ \hline \end{array}$$

(10)
$$\begin{array}{r} 316 \\ -189 \\ \hline \end{array}$$

(11)
$$\begin{array}{r} 9565 \\ -\ 174 \\ \hline \end{array}$$

(12)
$$\begin{array}{r} 5363 \\ -2188 \\ \hline \end{array}$$

3 赤い花が 283本と 白い花が 243本 さいています。あわせて 何本 さいていますか。〈8点〉

（しき）

4 198ページの 本と 387ページの 本を すべて 読むと, 何ページ 読むことに なりますか。〈8点〉

（しき）

5 1年間に 雨の ふった 日を しらべると, ゆきさんの 町は 177日, くみさんの 町は 82日でした。雨の ふった 日は, 何日 ちがって いますか。〈8点〉

（しき）

6 クリップが 3357こ ありました。879こ つかうと, のこりは 何こに なりますか。〈8点〉

（しき）

7 セーターが 3980円, マフラーが 1998円で 売られています。どちらが, 何円 高いですか。〈8点〉

（しき）

| が | 円 高い。 |

復習テスト④

⏱ 25分　　／100　　答え 27ページ

1 □に あてはまる 数を 答えなさい。〈4点×3〉

(1) 2147 は 1000 を ①□ こ，100 を ②□ こ，10 を ③□ こ，

1 を ④□ こ あわせた数です。

(2) 5803 は 1000 を ①□ こ，100 を ②□ こ，10 を ③□ こ，

1 を ④□ こ あわせた数です。

(3) 一の位が 6，十の位が 0，百の位が 2，千の位が 8の 数は

□ です。

2 つぎの 計算を しなさい。〈4点×12〉

(1)　453
　　＋ 36

(2)　479
　　＋ 47

(3)　825
　　＋391

(4)　829
　　＋474

(5)　2766
　　＋　46

(6)　4637
　　＋ 869

(7)　965
　　－ 15

(8)　696
　　－ 49

(9)　954
　　－266

(10)　432
　　－176

(11)　8115
　　－ 617

(12)　4503
　　－1385

3 チョコレートを 499こ, クッキーを 538こ 作りました。あわせて 何こ 作りましたか。〈8点〉

（しき）

```
┌─────────────────────────┐
│                         │
│                         │
└─────────────────────────┘
```

4 紙を 646まい つかうと, 391まい のこりました。はじめ, 紙は 何まい ありましたか。〈8点〉

（しき）

```
┌─────────────────────────┐
│                         │
│                         │
└─────────────────────────┘
```

5 赤い リボンが 419本, 青い リボンが 265本 あります。赤い リボンは 青い リボンより 何本 多いですか。〈8点〉

（しき）

```
┌─────────────────────────┐
│                         │
│                         │
└─────────────────────────┘
```

6 しゅりさんが 兄から ビー玉を 135こ もらうと, 541こに なりました。はじめ, しゅりさんは ビー玉を 何こ もっていましたか。〈8点〉

（しき）

```
┌─────────────────────────┐
│                         │
│                         │
└─────────────────────────┘
```

7 プールの り用しゃ数は, 土曜日と 日曜日を あわせて, 1804人でした。土曜日の り用しゃ数は 848人 でした。日曜日の り用しゃ数は 何人でしたか。〈8点〉

（しき）

```
┌─────────────────────────┐
│                         │
│                         │
└─────────────────────────┘
```

学習日　　月　　日

思考力問題にチャレンジ①

🕐 **30分**　　／**100**　　答え **28**ページ

1　ひょうの　ように，A〜J の　アルファベットに，0〜9の　ことなる　数字を　1つずつ　あてはめて，ひっ算を　すると，つぎの　ように　なります。〈15点×4〉

A	B	C	D	E	F	G	H	I	J
4			3			8			

```
  A B C        A B C          I J          I J
+   D E      −   D E        + G H        − G H
---------    ---------      -------      -------
  A G E        A F D          F E G          H
```

(1) C に　あてはめた　数字を　答えなさい。

(2) E に　あてはめた　数字を　答えなさい。

(3) F に　あてはめた　数字を　答えなさい。

(4) つぎの　ひっ算の　答えは　いくつですか。

```
    B E H
−     J I
```

46　2章　100より　大きい　数

2 下の ように，1〜9の 数字が 書かれた カードと，$+$，$−$ の 記ごうが 書かれた カードが あり，①〜③の ように 計算の しきを 作ります。

1, 2, 3, 4, 5, 6, 7, 8, 9　　$+$, $−$

① 数字が 書かれた 9まいの カードから 3まいを えらん で ならべ，3けたの 数を 作る。

② 記ごうが 書かれた カードから 1まいを えらぶ。

③ のこった 6まいの 数字の カードから 2まいを えらん で ならべ，2けたの 数を 作る。

＜作った 計算の しきと 答えの れい＞

しき… 4 8 2 $+$ 3 5 　　　　　答え…517

(1) もっとも 大きい 答えを 書きなさい。〈10点〉

(2) 答えが もっとも 小さくなる 計算の しきを 書きなさい。

〈10点〉

(3) 答えが 32に なる 計算の しきは いくつ できますか。

〈20点〉

3章 かけ算

学習日　　月　　日

7　かけ算①

ねらい▶ かけ算の意味を理解し，5，2，3，4の段のかけ算を身につける。

★　標準レベル　　　　🕐15分　　　　／100　　答え29ページ

1　□に　あてはまる　数を　書きなさい。〈4点×2〉

(1)

ケーキの　数は，1はこに　3こずつの　①□　はこ分で，②□　こ

（しき）③□ × ④□ = ⑤□

(2)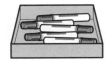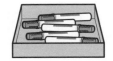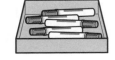

ペンの　数は，1はこに　5本ずつの　①□　はこ分で，②□　本

（しき）③□ × ④□ = ⑤□

2　□に　あてはまる　数を　書きなさい。〈4点×5〉

(1) 5の　4ばいは，5 × ①□ = ②□

(2) 2の　8ばいは，①□ × 8 = ②□

(3) 3の　9ばいは，3 × ①□ = ②□

(4) 2 × 4は，2の　□ばい　　(5) 4 × 5は，□の　5ばい

3 □に あてはまる 数を 書きなさい。〈4点×4〉

(1) 3×6は, 3×5よりも ☐ 大きい。

(2) 5×7は, 5×8よりも ☐ 小さい。

(3) 4×3＝4＋①☐＋②☐ ⟵ 2つとも 同じ 数が 入ります。

(4) 3＋3＋3＋3＋3＝3×☐

4 つぎの かけ算を しなさい。〈4点×12〉

(1) 5×3　　　　(2) 5×9　　　　(3) 5×5

(4) 2×3　　　　(5) 2×6　　　　(6) 2×8

(7) 3×2　　　　(8) 3×6　　　　(9) 3×7

(10) 4×9　　　　(11) 4×7　　　　(12) 4×5

5 えんぴつを, 1人に 2本ずつ 7人に くばります。えんぴつ
は 何本 いりますか。〈4点〉
(しき)

6 みかんが 3こ あります。りんごは, みかんの 8ばいの 数
が あります。りんごの 数は, 何こですか。〈4点〉
(しき)

★★　上級レベル　　　🕐 25分　　　　／100　　答え 29ページ

1　□に あてはまる 数を 書きなさい。〈5点×6〉

(1)　4 × □① = 20 だから，20 は　4 の　□② ばい

(2)　8 は　2 の　□ ばい

(3)　4 × □ は，4 × 5 よりも　4　大きい。

(4)　5 × 6 は，5 × □ よりも　5　小さい。

(5)　2 + 2 + 2 + 2 = 2 × □① = □②

(6)　3 × 5 = □① + □② + □③ + □④ + □⑤ = □⑥

　　　　　　　①〜⑤は 同じ 数が 入ります。

2　□に あてはまる 数を 書きなさい。〈4点×10〉

(1)　5 × □ = 40　　　　　(2)　2 × □ = 14

(3)　3 × □ = 15　　　　　(4)　4 × □ = 16

(5)　5 × □ = 35　　　　　(6)　2 × □ = 18

(7)　3 × □ = 9　　　　　(8)　4 × □ = 24

(9)　2 × □ = 4　　　　　(10)　3 × □ = 24

3 ボールが 3こずつ 入った はこが 6はこ あります。はこ が 1はこ ふえると，ボールは ぜんぶで 何こに なりますか。

〈7点〉

（しき）

4 クッキーが 35まい あります。クッキーを 4まいずつ いれ た ふくろを 8ふくろ 作りました。クッキーは 何まい あまり ましたか。〈7点〉

（しき）

5 ケーキを 1はこに 2こずつ 入れました。9はこ 入れると， ケーキは のこり 6こに なりました。ケーキは 何こ ありました か。〈8点〉

（しき）

6 チョコレートを 3人の 子どもに 5こずつ くばりました。 さらに，7人の 子どもに 2こずつ くばりました。ぜんぶで 何こ の チョコレートを くばりましたか。〈8点〉

（しき）

★★★ 最高レベル　　⏱30分　　／100　　答え30ページ

1 かけ算の しきを 書いて 答えを もとめなさい。〈8点×2〉

(1) みかんの 数

（しき）

(2) ケーキの 数

（しき）

2 数の ならび方の きまりを 考えて，□に あてはまる 数を 書きなさい。〈8点×4〉

(1) 5, 10, ①□ , 20, 25, ②□ , 35

(2) 8, ①□ , 16, 20, ②□ , 28, 32

(3) 16, 14, 12, ①□ , 8, ②□ , 4

(4) 27, ①□ , ②□ , 18, 15, ③□ , 9

3 1まいの さらに くりを 4こずつ，9まいの さらに のせると，くりが 19こ あまりました。くりは ぜんぶで 何こ ありますか。〈10点〉

（しき）

4 ドーナツの　はこが　7はこ　あります。1はこには　ドーナツが　4こずつ　入っています。ドーナツを　8こ　食べ，ともだちに　5こ　あげました。ドーナツは　のこり　何こに　なりましたか。

〈10点〉

（しき）

5 カードが　52まい　あります。3まいずつ　6人に　くばったあと，5まいずつ　6人に　くばりました。のこった　カードは　何まいですか。〈10点〉

（しき）

6 4まいずつ　クッキーが　入った　ふくろが　4ふくろと，3まいずつ　クッキーが　入った　ふくろが　8ふくろ　あります。5まいずつ　9人に　くばると，何まい　たりなく　なりますか。〈10点〉

（しき）

7 じゃんけんで　1回　かつと　5点，あいこは　4点，まけると　2点　もらえます。10回　じゃんけんを　して，3回　かち，5回　まけました。とく点は　ぜんぶで　何点ですか。〈12点〉

（しき）

8　かけ算②

ねらい 6, 7, 8, 9, 1の段のかけ算を身につける。

★ 標準レベル　🕐 **15分**　／100　答え**31**ページ

1 つぎの　かけ算を　しなさい。〈3点×15〉

(1) 6×2

(2) 6×9

(3) 6×4

(4) 7×5

(5) 7×7

(6) 7×3

(7) 8×3

(8) 8×4

(9) 8×7

(10) 9×5

(11) 9×8

(12) 9×3

(13) 1×4

(14) 1×6

(15) 1×9

2 □に　あてはまる　数を　書きなさい。〈3点×4〉

(1) 1の　2つ分は，① □ × ② □ = ③ □

(2) 6の　5ばいは，① □ × ② □ = ③ □

(3) 6×3は，6の　□　ばい

(4) $8 \times$ □ は，8の　2ばい

3 □に あてはまる 数を 書きなさい。〈5点×5〉

(1) 8×4は　8＋①□＋②□＋③□＝④□

> ①～③は 同じ 数が 入ります。

(2) 6＋6＋6＋6＋6＋6＝①□×②□＝③□

> ①，②は 同じ 数が 入ります。

(3) 7×8は，7×7よりも □ 大きい。

(4) 9×3は，9×4よりも □ 小さい。

(5) 1×8は，1×9よりも □ 小さい。

4 色紙を，1人に 8まいずつ 4人に くばります。色紙は ぜんぶで 何まい いりますか。〈6点〉
（しき）

5 1つの かごに，6この トマトが 入っています。かごが 3こ あるとき，トマトは ぜんぶで 何こ ありますか。〈6点〉
（しき）

6 計算の もんだいを，1日に 8だいずつ ときます。5日間で，何だいの もんだいを とくことが できますか。〈6点〉
（しき）

★★ **上級レベル**　　🕐 25分　　　　／100　答え 31ページ

1　□に　あてはまる　数を　書きなさい。〈4点×6〉

(1) 8 × ⬚① = 56 だから，56 は　8 の　⬚② ばい

(2) 30 は　6 の　⬚ ばい

(3) 7 × 6 は，7 × 7 よりも　⬚ 小さい。

(4) 9 × 3 は，9 × ⬚ よりも　9　大きい。

(5) 7 + 7 + 7 + 7 = ⬚① × ⬚② = ⬚③

(6) 6 × 4 = ⬚① + ⬚② + ⬚③ + ⬚④ = ⬚⑤

　　　　　┈┈ ①～④は　同じ　数が　入ります。

2　□に　あてはまる　数を　書きなさい。〈4点×10〉

(1) 6 × ⬚ = 42　　　　(2) 7 × ⬚ = 28

(3) 8 × ⬚ = 16　　　　(4) 9 × ⬚ = 36

(5) 1 × ⬚ = 8　　　　(6) 6 × ⬚ = 18

(7) 7 × ⬚ = 56　　　　(8) 8 × ⬚ = 72

(9) 7 × ⬚ = 42　　　　(10) 9 × ⬚ = 63

3 1はこに 6この ボールが 入った はこが, 5こ あります。ボールを 2こ あげると, ボールは ぜんぶで 何こに なりますか。

〈9点〉

(しき)

4 ガムを 8ふくろ 買いました。1ふくろには, ガムが 7こずつ 入っています。家に ガムが 3こ ありました。ガムは あわせて 何こ ありますか。〈9点〉

(しき)

5 1組には, 6人ずつの はんが 5はん あります。2組には, 8人ずつの はんが 4はん あります。1組と 2組の 人数は ぜんぶで 何人 いますか。〈9点〉

(しき)

6 あおいさんは うんどう場を 1日に 7しゅうずつ 2日間 走りました。かなたさんは, うんどう場を 1日に 3しゅうずつ 4日間 走りました。どちらが 何しゅう 多く 走りましたか。〈9点〉

(しき)

	が	しゅう 多い。

★★★ 最高レベル　　🕐 30分　　／100　　答え32ページ

I 答えが 同じ かけ算を 〇で かこみなさい。〈8点×4〉

(1) 7×9 , 6×6 , 8×3 , 9×7

(2) 6×8 , 7×6 , 6×7 , 9×4

(3) 6×6 , 7×4 , 8×3 , 9×4

(4) 9×2 , 6×3 , 7×7 , 8×2

2 かけ算の しきを 書いて 答えを もとめなさい。〈8点×3〉

(1) 8人の 4ばい

（しき）

(2) くりの 数

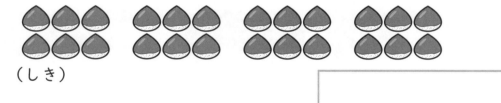

（しき）

(3) コップの 数

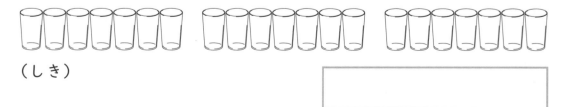

（しき）

3 数の ならび方の きまりを 考えて，□に あてはまる 数を 書きなさい。〈6点×4〉

(1) 6，12，18，①[　　]，②[　　]，36，42

(2) 14，①[　　]，28，35，②[　　]，49，56

(3) 56，48，40，①[　　]，24，②[　　]，8

(4) 81，①[　　]，63，54，②[　　]，③[　　]，27

4 長いすが 8つ あります。1つの 長いすに 6人ずつ すわると，3人 すわれませんでした。1つの 長いすに 7人ずつ すわると，あと 何人 すわることが できますか。〈10点〉
（しき）

[　　　　　　　　　　　　　　]

5 だんごが 入った ふくろと はこが あります。1ふくろには，だんごが 6こ 入っています。1はこには ふくろの 2ばいの 数が 入っています。だんごが 入った ふくろが 9つと，はこが 1はこ あります。 だんごは ぜんぶで 何こ ありますか。〈10点〉
（しき）

[　　　　　　　　　　　　　　]

復習テスト⑤　⏱ 25分　／100　答え33ページ

1　□に　あてはまる　数を　書きなさい。〈4点×6〉

(1) 2 × 9 ＝ 18 だから，18 は　2 の　　□　　ばい

(2) 6 は　3 の　　□　　ばい

(3) 7 × 4 は，7 × □ よりも　7 大きい。

(4) 9 × 7 は，9 × □ よりも　9 小さい。

(5) 3 ＋ 3 ＋ 3 ＋ 3 ＋ 3 ＝ 3 × □

(6) 4 × 3 ＝ ①□ ＋ ②□ ＋ ③□ ＝ ④□

①～③は　同じ　数が　入ります。

2　□に　あてはまる　数を　書きなさい。〈4点×8〉

(1) 2 × □ ＝ 6

(2) 5 × □ ＝ 20

(3) 6 × □ ＝ 48

(4) 1 × □ ＝ 2

(5) 8 × □ ＝ 40

(6) 9 × □ ＝ 54

(7) 3 × □ ＝ 27

(8) 4 × □ ＝ 28

3 ばらの 花を 1人に 4本ずつ，8人に くばります。ばらの 花は 何本 いりますか。〈11点〉

（しき）

```
```

4 はるとさんは，どんぐりを 6こ あつめました。こうたさんは，はるとさんの 3ばいの どんぐりを あつめました。こうたさんが あつめた どんぐりの 数は，何こですか。〈11点〉

（しき）

```
```

5 28この おにぎりが あります。5こずつ ふくろに 入れて，7ふくろ つくるには，おにぎりは 何こ たりませんか。〈11点〉

（しき）

```
```

6 あさみさんは，毎日 8もんずつ もんだいを ときます。としきさんは，毎日 5もんずつ もんだいを ときます。1週間で といた もんだいの 数は，2人 あわせると 何もんですか。〈11点〉

（しき）

```
```

復習テスト⑥

⏱ 25分　　／100　　答え33ページ

1 □に あてはまる 数を 書きなさい。〈4点×4〉

(1) 28は 4の □ ばい

(2) 6×5は, 6× □ よりも 6 小さい。

(3) 2×7は, 2× □ よりも 2 大きい。

(4) 3×4 = ①□ + ②□ + ③□ + ④□ = ⑤□

①〜④は 同じ 数が 入ります。

2 □に あてはまる 数を 書きなさい。〈4点×8〉

(1) 3× □ = 18

(2) 4× □ = 12

(3) 5× □ = 15

(4) 9× □ = 18

(5) 1× □ = 6

(6) 8× □ = 56

(7) 6× □ = 54

(8) 7× □ = 28

3 1まい 5円の カードを 8まい 買うと, ぜんぶで 何円に なりますか。〈10点〉

（しき）

4 1 はこに，パンを 4 こずつ 入れていくと，7 はこ目だけ，2 こ たりなく なりました。パンは ぜんぶで 何こ ありましたか。

〈10 点〉

（しき）

5 ボールを 1 はこに 4 こずつ 入れました。6 はこ 入れると，ボールは のこり 5 こに なりました。ボールは 何こ ありましたか。〈10 点〉

（しき）

6 6 そうの ボートに 2 人ずつ のり，4 そうの ボートに 4 人ずつ のりました。ボートに のった 人数は あわせて 何人ですか。〈11 点〉

（しき）

7 ペットボトルの キャップを あつめています。1 ぱんでは 1 日に 5 こずつ 9 日間 あつめました。2 はんでは 1 日に，8 こずつ 6 日間 あつめました。どちらの はんの ほうが，何こ 多く あつめましたか。〈11 点〉

（しき）

のほうが	こ 多く あつめた。

3章 かけ算

学習日　　月　　日

9　かけ算③

ねらい▶ かけ算のきまりと計算の順序のきまりを理解し，適切な式を立て，計算できる力をつける。

★ 標準レベル　　　⏱15分　　　／100　　答え34ページ

1 □に　あてはまる　ことばや　数を　書きなさい。〈4点×3〉

(1) かけ算では，　① [　　　　　] 数と　② [　　　　　]

数を　入れかえても，答えは　同じに　なります。

(2) 9×6の　答えは，
5×6　と　□×6　の
答えを　たしたものと
同じに　なります。

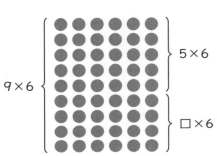

9×6 ｛ 5×6 / □×6

(3) 9×6の　答えは，
9×2　と　9×□　の
答えを　たしたものと
同じに　なります。

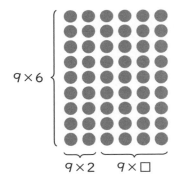

9×6 ｛

9×2　9×□

2 〔　　〕に　あてはまる　ことばを　○で　かこみなさい。〈4点×2〉

(1) しきは　ふつう，〔 右 ， 左 〕から　じゅんに　計算しますが，
（　）の　ある　しきでは，（　）の　中を
〔 先 ， 後 〕に　計算します。

(2) ＋，－，×の　まじった　計算では，
〔 たし ， ひき ， かけ 〕算を，先に　計算します。

3 □に あてはまる 数を 書きなさい。〈5点×8〉

(1) $3 \times 5 = 3 \times 4 + \boxed{}$

(2) $4 \times 6 = 4 \times 7 - \boxed{}$

(3) $8 \times 2 = 2 \times \boxed{}$

(4) $7 \times 8 = 8 \times \boxed{}$

(5) $2 \times 5 + 3 \times 5 = \boxed{} \times 5$

(6) $6 \times 4 - 1 \times 4 = \boxed{} \times 4$

(7) $(3 + 5) + 8 = 3 + (5 + \boxed{})$

(8) $(2 \times 4) \times 6 = 2 \times (4 \times \boxed{})$

4 計算を しなさい。〈3点×8〉

(1) $80 - (2 + 4)$

(2) $54 - (7 - 3)$

(3) $4 + 5 \times 2$

(4) $8 - 2 \times 3$

(5) $2 \times 3 + 3 \times 4$

(6) $4 + 3 \times 4 - 5$

(7) $8 \times (3 \times 3)$

(8) $5 + 4 \times (3 - 1)$

5 答えが つぎの 数になる 九九を, ぜんぶ 書きなさい。

〈8点×2〉

(1) 36

(2) 48

★★ 上級レベル　　🕐 25分　　／100　　答え **34**ページ

1 □に　あてはまる　数を　書きなさい。〈3点×8〉

(1) $2 \times 9 = 2 \times 8 +$ ☐

(2) $4 \times 6 = 4 \times$ ☐ $- 4$

(3) $4 \times 9 - 12 = 8 \times$ ☐

(4) $9 \times 6 + 18 = 9 \times$ ☐

(5) $3 \times 9 =$ ☐ $\times 3$

(6) $2 \times 4 =$ ☐ $\times 2$

(7) $5 \times 7 + 4 \times 7 = ($ ☐① $+ 4) \times 7 =$ ☐② $\times 7$

(8) $8 \times 3 - 2 \times 3 = ($ ☐① $- 2) \times 3 =$ ☐② $\times 3$

2 計算を　しなさい。〈3点×8〉

(1) $18 - (4 + 3)$

(2) $8 \times (5 - 2)$

(3) $3 + 4 \times 5$

(4) $9 - 2 \times 3$

(5) $3 \times 1 + 5 \times 2$

(6) $4 \times 4 - 7 \times 1$

(7) $3 + (9 - 5) \times 2$

(8) $9 \times (5 - 2) \times 3$

3 500円で，1本90円の　お茶を　5本　買いました。おつりを　もとめる　しきを　えらびなさい。〈2点〉

ア $500 \times (90 \times 5)$　　　　イ $500 - 90 \times 5$

☐

4 右の 図の ように，りんごが ならんでいます。りんごの 数の いろいろな もとめ方を 考えました。□に あてはまる 数を 書きなさい。〈10点×2〉

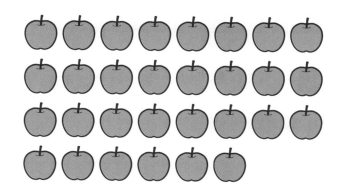

(1) ゆうきさんの しき

$$8 \times \boxed{^①} + \boxed{^②} = \boxed{^③}$$

(2) さやかさんの しき

$$4 \times \boxed{^①} - \boxed{^②} = \boxed{^③}$$

5 1つの しきに 書いて もとめなさい。〈10点×3〉

(1) パンを 1人に 2こずつ，9人にくばると，7こ あまりました。パンは，はじめに 何こ ありましたか。
（しき）

(2) 4人がけの いすが 7つ あります。子どもが いすに すわったら，3人 すわれませんでした。子どもは 何人 いますか。
（しき）

(3) 子どもが 24人 います。5人の グループを 6こ つくるには，あと 何人 いれば よいですか。
（しき）

★★★ 最高レベル　　⏱30分　　／100　　答え35ページ

1 □に　あてはまる　数を　書きなさい。〈8点×7〉

(1) $4 \times 5 =$ ①□ + ②□ + ③□ + ④□ 　←①〜④は　同じ　数が　入ります。

(2) $7 \times 6 = 7 \times$ ①□ − ②□ 　←①と　②は　同じ　数が　入ります。

(3) $7 \times 8 = 4 \times 8 +$ □ $\times 8$

(4) $8 \times 5 + 8 \times 2 = 8 \times ($ □ $+ 2)$

(5) $6 \times 8 = 6 \times$ □ $+ 6 + 6 + 6$

(6) $8 \times 2 \times 4 = 8 \times$ ①□ $=$ ②□

(7) $2 \times 9 \times 3 = 2 \times$ ①□ $\times 9 =$ ②□

2 1ふくろに　3本　えんぴつが　入った　ふくろと，1ふくろに　6本　えんぴつが　入った　ふくろを，それぞれ　5ふくろずつ　買いました。えんぴつを　8人に　6本ずつ　くばります。えんぴつは　何本　たりませんか。〈10点〉

（しき）

3 みゆうさんは, しょうへいさんの もっている カードの 2ば いの まい数の カードを もっています。ゆうさんは, みゆうさんの もっている カードの 4ばいの まい数の カードを もっています。 しょうへいさんの もっている カードが 7まいのとき, ゆうさんの もっている カードの まい数は 何まい ですか。〈10点〉
(しき)

4 2こずつ おまんじゅうが 入った ふくろが いくつか あり ます。そうたさんは, おまんじゅうを 8ふくろ もっています。りな さんは, そうたさんが もっている 数の 3ばいより 5こ 多く おまんじゅうを もっています。りなさんは, おまんじゅうを 何こ もっていますか。〈12点〉
(しき)

5 まいさんは, たかしさんと じゃんけんの ゲームを します。 はじめに もっている とく点は 100点です。じゃんけんで, かつ と 8点 ふえ, まけると 6点 へり, あいこのときは, 1点 ふ えます。じゃんけんを 20回して, まいさんが じゃんけんで 8回 かち, 7回 まけました。まいさんの とく点は 何点 ですか。〈12点〉
(しき)

かけ算

学習日　　月　　日

10　かけ算④

ねらい ▶ 0 のかけ算，10 のかけ算の考え方を理解し，何十のかけ算の計算方法を身につける。

★　標準レベル　　　　　　🕐 15分　　　　／100　　答え 36ページ

1 □に　あてはまる　数を　書きなさい。〈3点×5〉

(1) 3×0は，3が　0こ分だから，□

(2) 0×7は，0が　7こ分だから，□

(3) 10×8は，10が　8こ分だから，□

(4) 4×10は，4×9より □① 　大きくなるから，□②

(5) 20×4は，10が　2×4＝□① で，□② こ　あるから，□③

2 つぎの　計算を　しなさい。〈3点×6〉

(1) 5×0

(2) 0×12

(3) 10×7

(4) 8×10

(5) 30×3

(6) 40×6

3 □に　あてはまる　数を　書きなさい。〈3点×6〉

(1) 40×□＝320

(2) □×60＝360

(3) □×3＝210

(4) 8×□＝320

(5) 70×□＝560

(6) 90×□＝0

4 つぎの ものを 買いました。お金は いくらに なりますか。

〈7点×3〉

(1) 1こ 80円の たまねぎを 5こ
（しき）

(2) 1本 50円の えんぴつを 7本
（しき）

(3) 1まい 5円の 画用紙を 30まい
（しき）

5 1こ 50円の けしゴムを 6こ と 120円の ノートを 買いました。お金は いくらに なりますか。〈8点〉
（しき）

6 ジュースを 1人に 3本ずつ 40人に くばると, 10本 たりません。ジュースは 何本 ありますか。〈10点〉
（しき）

7 1もん 10点の クイズが 20もん あります。あすかさん は 8もん, ゆうきさんは 17もん あたりました。2人の とく点 の ちがいは 何点ですか。〈10点〉
（しき）

1 つぎの　計算を　しなさい。〈3点×6〉

(1) 1×0×9

(2) 3×1×8

(3) 10×0×8

(4) 10×2×3

(5) 4×20×2

(6) 2×40×7

2 つぎの　計算を　しなさい。〈3点×8〉

(1) 10×4+24

(2) 20×8−41

(3) 30×0+54

(4) 80×6−35

(5) 50×5+80

(6) 4×60−120

(7) 2+8×20

(8) 82−2×30

3 つぎの　□に，＞，＜，＝の　うち，あてはまる　ものを　書きなさい。〈3点×4〉

(1) 15×0 □ 0×14

(2) 8×10 □ 10×9−8

(3) 18×6 □ 17×7

(4) 7×5×8 □ 5×7×8

4 □に あてはまる 数を 書きなさい。〈4点×6〉

(1) $7 \times 2 \times 5 = 7 \times$ ①□ $=$ ②□

(2) $8 \times 9 \times 5 = 9 \times 8 \times$ ①□ $= 9 \times$ ②□ $=$ ③□

(3) $2 \times 5 \times$ □ $= 80$ (4) $3 \times 2 \times$ □ $= 420$

(5) □ $\times 4 \times 2 = 480$ (6) $3 \times$ □ $\times 80 = 720$

5 あめは, ぜんぶで 何こ いりますか。〈6点×2〉

(1) 1ふくろ 5こ入りの あめを, 1人に 3ふくろずつ, 20人に くばる。
（しき）

(2) 3人に, 1ふくろ 30こ入りの あめを, 4ふくろずつ くばる。
（しき）

6 本を 1日 10ページずつ 読むと, 3週間と 1日で 読みおわります。本は, ぜんぶで 何ページですか。〈10点〉
（しき）

★★★ 最高レベル　⏱ 30分　／100　答え 37 ページ

1 つぎの　計算を　しなさい。〈2点×5〉

(1) （2＋6）× 30

(2) （8－5）× 70

(3) 7×（9－5）×（7－2）

(4) （7－2）× 8 ×（9－7）

(5) （6＋4）×（2＋5）×（5＋4）

2 つぎの　計算を　しなさい。〈3点×8〉

(1) 4×5×8＋6×7

(2) 10×0＋90×4×2

(3) 4×30－3×20＋33

(4) 800－2×50×3

(5) 21＋5×40－63

(6) 2×6×40－55

(7) 5×7＋9×7－2×6

(8) 9×9－7×2－3×5

3 □に　あてはまる　数を　書きなさい。〈4点×4〉

(1) 4×（6－□）× 8 ＝ 160

(2) （2＋5）×（7＋3）×（□＋3）＝ 490

(3) （8－6）×（80－□）×（9－7）＝ 280

(4) （□－60）×（8－6）×（2＋1）＝ 180

4 右の 図のように，同じ 形の カードを 1だん目から じゅんに ならべていきます。

1だん目…
2だん目…
3だん目…

(1) 9だん目まで ならべました。〈10点×2〉
つかった カードは，ぜんぶで 何まいですか。

(2) 20だん目に ならぶ カードは 何まいですか。

5 1こ 80円の あんぱんを 4こと，1こ 90円の ジャムぱん を 6こ 買い，900円 出しました。おつりは 何円ですか。〈10点〉
（しき）

6 2人の グループを つくると，グループが 70こ できます。 5人の グループを 30こ つくると，何人 たりませんか。〈10点〉
（しき）

7 2人がけの いすが 6きゃくずつ 5れつ，4人がけの いす が 5きゃくずつ 5れつ ならんでいます。ぜんぶで 何人 すわれ ますか。〈10点〉
（しき）

復習テスト⑦

⏱ 25分　　／100　答え38ページ

1 □に　あてはまる　数を　書きなさい。〈4点×7〉

(1) $3 \times 6 = 3 \times \boxed{} + 3$

(2) $4 \times 8 = 4 \times 9 - \boxed{}$

(3) $2 \times 8 + 4 = 4 \times \boxed{}$

(4) $7 \times 4 - 14 = 7 \times \boxed{}$

(5) $5 \times 4 = \boxed{} \times 5$

(6) $9 \times 2 = 2 \times \boxed{}$

(7) $2 \times 3 + 8 \times 3 = (2 + \boxed{①}) \times 3 = \boxed{②} \times 3$

2 計算を　しなさい。〈4点×6〉

(1) $10 \times 8 + 32$

(2) $4 \times (7 - 3)$

(3) $20 \times 5 + 46$

(4) $8 - 3 \times 2$

(5) $80 \times 0 + 16$

(6) $6 \times 3 + 3 \times 2$

3 つぎの　□に，＞，＜，＝の　うち，あてはまる　ものを　書きなさい。〈4点×4〉

(1) $20 \times 9 \boxed{} 30 \times 6 \times 1$

(2) $25 \times 0 \boxed{} 25 + 0 \times 10$

(3) $5 \times 9 \times 6 \boxed{} 2 \times 8 \times 10$

(4) $15 \times 8 \boxed{} 14 \times 9$

4 1つの しきに 書いて もとめましょう。〈8点×3〉

(1) 3つの はこに, ボールを 6こずつ 入れると, ボールが 4こ あまります。ボールは ぜんぶで 何こ ありますか。
（しき）

(2) さらが 5まい あります。1まいの さらに, ドーナツを 3こずつ のせると, 2こ たりません。ドーナツは 何こ ありますか。
（しき）

(3) 2本で セットの ぎゅうにゅうを 8セットと, 5本で セットの ぎゅうにゅうを 9セット 作りました。ぎゅうにゅうは, ぜんぶで 何本 ありましたか。
（しき）

5 クイズ大会に 出る 人に, それぞれ 答えを 書く カードを 6まいずつ わたします。1組からは 20人, 2組からは 7人が さんかします。カードは ぜんぶで 何まい 作れば よいですか。

〈8点〉

（しき）

復習テスト⑧ 🕐 25分 ／100 答え38ページ

1 つぎの　計算を　しなさい。〈4点×6〉

(1) 1 × 8 × 2

(2) 5 × 6 × 0

(3) 4 × 20 × 3

(4) 40 × 0 × 5

(5) 30 × 6 × 2

(6) 2 × 6 × 40

2 つぎの　計算を　しなさい。〈4点×8〉

(1) 20 − (3 + 5)

(2) 30 × 5 − 12

(3) 8 + 2 × 8

(4) 50 × 3 − 28

(5) 3 × 4 + 2 × 5

(6) 10 × 8 − 54

(7) 4 + (2 + 3) × 6

(8) 95 − 2 × 40

3 ペンが　120本　あります。50人に　2本ずつ　ペンを　くばりました。あまった　ペンの　数を　もとめる　しきを　えらびなさい。

〈4点〉

ア　120 − 2 × 50

イ　120 + (2 × 50)

4 □に あてはまる 数を 書きなさい。〈4点×3〉

(1) $8 \times 6 \times 5 = 8 \times$ ［①　　　　］ $=$ ［②　　　　］

(2) $2 \times$ ［　　　］ $\times 60 = 480$　　　(3) $9 \times 3 \times$ ［　　　］ $= 540$

5 右の 図の ように，どんぐりが ならんでいます。どんぐりの 数を もとめる いろいろな しきを 考えました。□に あてはまる 数を 書きなさい。〈6点×2〉

(1) たくとさんの しき

$3 \times$ ［①　　］ $-$ ［②　　］ $=$ ［③　　］

(2) なつみさんの しき

$2 \times$ ［①　　］ $+$ ［②　　］ $=$ ［③　　］

6 しずくさんは，毎日 2ページずつ 20日間 本を 読みます。ゆうさんは，毎日 3ページずつ 10日間 本を 読みます。どちらが 何ページ 多く 本を 読みますか。〈8点〉

（しき）

［　　　　　さんが　　　　　　　ページ 多く 本を 読む。］

7 赤い 花が 2本の たばと，白い 花が 7本の たばを，それぞれ 20たばずつ 作りました。花は ぜんぶで 何本 ありましたか。〈8点〉

（しき）

［　　　　　　　　　　　　　　　］

4章 わり算と 分数

11 わり算①

学習日　月　日

ねらい　わり算の意味や，わり算とかけ算の関係を知り，九九を用いて，わり算の答えを求められるようにする。

★ 標準レベル

⏱15分　　　／100　答え39ページ

1　12この おにぎりを，4人で 同じ 数ずつ 分けるとき，1人分の 数を もとめる 計算を 「わり算」といい，「12÷4」の しきで あらわせます。1人分の 数を もとめる わり算の しきを 書きなさい。〈6点×2〉

(1) 18この あめを 3人で 同じ 数ずつ 分ける

(2) 24さつの ノートを 6人で 同じ 数ずつ 分ける

2　12この おにぎりを，4人で 同じ 数ずつ 分けるとき，1人分の 数を もとめます。□に あてはまる 数を 書きなさい。〈4点×5〉

（1人分の 数）×（人数）＝（ぜんぶの 数）だから，

「12÷4」の答えは，□×4＝12の □に あてはまる 数です。

□×4の □に 1を あてはめると，1×4＝ ①□

□×4の □に 2を あてはめると，2×4＝ ②□

□×4の □に 3を あてはめると，3×4＝ ③□

12÷4＝ ④□　1人分の 数は，⑤□ こです。

┌─────────────────────────────────────┐
│ 「12÷4」で，12を わられる数，4を わる数と いいます。 │
└─────────────────────────────────────┘

3 □に あてはまる 数を 書きなさい。〈5点×4〉

(1) □ × 7 = 14

(2) 5 × □ = 25

(3) □ × 9 = 54

(4) 6 × □ = 42

4 □に あてはまる 数を 書きなさい。〈5点×4〉

(1) 8 ÷ 2 = □

> わり算の 答えは、わる数の だんの 九九で 見つけられます。

(2) 20 ÷ 5 = □

(3) 18 ÷ 3 = □

(4) 48 ÷ 6 = □

5 つぎの ものを 同じ 数ずつ 分けます。1人分は いくつに なりますか。〈7点×2〉

(1) 24本の えんぴつを 8人で 同じ 数ずつ 分ける

（しき）

(2) 36さつの ノートを 9人で 同じ 数ずつ 分ける

（しき）

6 つぎの ものを 同じ 数ずつ 分けます。何人に 分けられますか。〈7点×2〉

(1) 18まいの せんべいを 3まいずつ 分ける

（しき）

(2) 35まいの 色紙を 5まいずつ 分ける

（しき）

★★　上級レベル　　　　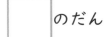　25分　　　　／100　　答え39ページ

1 つぎの　わり算は，何の　だんの　九九を　つかって　もとめますか。〈4点×4〉

(1) 12 ÷ 3　　□ のだん　　(2) 42 ÷ 6　　□ のだん

(3) 16 ÷ 8　　□ のだん　　(4) 24 ÷ 4　　□ のだん

2 つぎの　わり算を　しなさい。〈4点×10〉

(1) 18 ÷ 9　　　　　　　　(2) 48 ÷ 8

(3) 25 ÷ 5　　　　　　　　(4) 35 ÷ 5

(5) 56 ÷ 8　　　　　　　　(6) 63 ÷ 9

(7) 30 ÷ 5　　　　　　　　(8) 24 ÷ 3

(9) 21 ÷ 7　　　　　　　　(10) 6 ÷ 6

3 答えが　同じに　なる　わり算を　線で　むすびなさい。〈8点〉

18 ÷ 3	24 ÷ 8	27 ÷ 3	56 ÷ 7
●	●	●	●
●	●	●	●
15 ÷ 5	45 ÷ 5	54 ÷ 9	32 ÷ 4

4 42 もんの もんだいを，1週間で ときおわるように します。1日に 何もんずつ とけば よいですか。〈7点〉

（しき）

5 ビー玉を，ゆうたさんは 56 こ，あいみさんは 8 こ もっています。ゆうたさんが もっている ビー玉の 数は，あいみさんが もっている 数の 何ばいですか。〈7点〉

（しき）

6 くるみさんと まいさんは あわせて 40 本の リボンを もっています。くるみさんの リボンは 8 本です。まいさんの もっている リボンの 数は，くるみさんの もっている リボンの 数の 何ばいですか。〈8点〉

（しき）

7 1ふくろの シールを 1人に 3まいずつ くばると，8人に くばることが できました。〈7点×2〉

(1) 1ふくろの シールを 6人に 同じ 数ずつ くばると，1人に 何まいずつ くばれますか。

（しき）

(2) 1ふくろの シールに 12まい たしました。1人に 4まいずつ くばると，何人に くばれますか。

（しき）

★★★ 最高レベル　　　　　⏱30分　　　　／100　　答え40ページ

1　□に　あてはまる　数を　書きなさい。〈3点×8〉

(1) $15 ÷ 3 = 45 ÷$ □

(2) $36 ÷ 6 = 30 ÷$ □

(3) $24 ÷ 8 =$ □ $÷ 7$

(4) $45 ÷ 5 =$ □ $÷ 3$

(5) $42 ÷$ □ $= 18 ÷ 3$

(6) $32 ÷$ □ $= 56 ÷ 7$

(7) □ $÷ 4 = 48 ÷ 8$

(8) □ $÷ 6 = 12 ÷ 4$

2　わり算も　かけ算と　同じ　ように，たし算や　ひき算より　先に　計算します。つぎの　計算を　しなさい。〈3点×6〉

(1) $15 ÷ 5 + 4$

(2) $8 + 12 ÷ 4$

(3) $9 + 24 ÷ 6$

(4) $18 ÷ 3 - 4$

(5) $9 - 21 ÷ 7$

(6) $7 - 16 ÷ 8$

3　つぎの　計算を　しなさい。〈4点×6〉

(1) $6 ÷ 2 + 4 ÷ 4$

(2) $12 ÷ 4 - 15 ÷ 5$

(3) $30 ÷ 5 + 20 ÷ 4$

(4) $54 ÷ 6 - 36 ÷ 6$

(5) $32 ÷ 8 + 0 ÷ 2$

(6) $42 ÷ 6 - 8 ÷ 8$

4 24この プリンと, 56この クッキーと, 8この はこが あ
ります。プリンを 同じ 数に 分け, ぜんぶの はこに 入れます。
クッキーも 同じ 数に 分け, ぜんぶの はこに 入れます。1はこに
入れた プリンと クッキーは, あわせて 何こですか。〈8点〉
(しき)

$$\boxed{}$$

5 花が あります。1人に 3本ずつ くばったら, 14本 あまっ
たので, さらに 2本ずつ くばったら, 2本 あまりました。このとき,
はじめに あった 花は, 何本でしたか。また, 何人に くばりました
か。〈8点〉
(しき)

花の数 $\boxed{}$

人数 $\boxed{}$

6 赤えんぴつと, 青えんぴつが, あわせて 48本 あります。赤え
んぴつの 数は, 青えんぴつの 数の 5ばいです。赤えんぴつは, 何
本 ありますか。〈9点〉
(しき)

$$\boxed{}$$

7 2本セットの ラムネと, 3本セットの お茶が あります。お
茶の セットを, ラムネの セットの 2ばいの 数 買ったところ,
ラムネと お茶を あわせた 数は, 48本に なりました。お茶は,
何セット 買いましたか。〈9点〉
(しき)

$$\boxed{}$$

12 わり算②

ねらい　（何十）÷1桁のわり算を，九九を用いて，正しく計算する力を身につける。

★ 標準レベル　　　　　　　🕐 15分　　　　　／100　　答え **41** ページ

1 つぎの わり算を しなさい。〈3点×8〉

(1) 20 ÷ 2

> 答えは，2×□＝20の □に 入る 数です。

(2) 0 ÷ 8

> 答えは，8×□＝0の □に 入る 数です。

(3) 80 ÷ 4

> 10を もとに 考えると， 10が，(8÷4) こ です。

(4) 350 ÷ 5

(5) 420 ÷ 7

(6) 630 ÷ 9

(7) 320 ÷ 8

(8) 270 ÷ 3

2 □に あてはまる 数を 書きなさい。〈3点×6〉

(1) 80 ÷ □ = 40

(2) 120 ÷ □ = 60

(3) 560 ÷ □ = 80

(4) 450 ÷ □ = 50

(5) □ ÷ 2 = 70

(6) □ ÷ 9 = 80

3 つぎの 計算を しなさい。〈4点×4〉

(1) 60 ÷ 2 + 10

(2) 360 ÷ 6 − 4

(3) 320 ÷ 4 + 20

(4) 450 ÷ 9 − 30

4 れいに ならって, つぎの 計算を しなさい。〈5点×4〉

＜れい＞　28 ÷ 2　　20 ÷ 2 ＝ 10

　　　　　　　　　　　8 ÷ 2 ＝　 4

　　　　　　　あわせて　14

> 28を 20と 8に 分けて,
> 20 ÷ 2と 8 ÷ 2のように,
> 計算します。

(1) 36 ÷ 3

(2) 66 ÷ 6

(3) 99 ÷ 3

(4) 84 ÷ 2

5 120この あめを 同じ 数ずつ 分けて くばります。〈7点×2〉

(1) 1人に 4こずつ くばります。何人に くばれますか。

（しき）

(2) 6人で 同じ 数ずつ 分けます。1人に 何こずつ
　　くばれますか。

（しき）

6 480この じゃがいもを, 8こずつ, ふくろに 入れていくと,
ふくろが 5まい たりませんでした。はじめに あった ふくろは
何まいでしたか。〈8点〉

（しき）

答え41ページ

★★　上級レベル　　　　　　　　　⏱25分　　　　　／100

1 つぎの　計算を　しなさい。〈3点×6〉

(1) $140 \div 2 + 30$

(2) $150 \div 5 - 10$

(3) $40 + 240 \div 4$

(4) $90 - 630 \div 9$

(5) $60 + 120 \div 6$

(6) $360 - 280 \div 4$

2 つぎの　計算を　しなさい。〈3点×8〉

(1) $720 \div 9 \div 2$

(2) $360 \div 6 \div 1$

(3) $480 \div 6 \div 4$

(4) $320 \div 4 \div 2$

(5) $350 \div 7 \div 5$

(6) $640 \div 8 \div 2$

(7) $120 \div 2 \div 3$

(8) $720 \div 8 \div 3$

3 □に　あてはまる　数を　書きなさい。〈3点×8〉

(1) $360 \div 9 \div \boxed{} = 10$

(2) $240 \div 6 \div \boxed{} = 20$

(3) $480 \div \boxed{} \div 4 = 20$

(4) $540 \div \boxed{} \div 3 = 20$

(5) $\boxed{} \div 5 \div 2 = 30$

(6) $\boxed{} \div 7 \div 3 = 20$

(7) $\boxed{} \div 3 \div 4 = 20$

(8) $\boxed{} \div 8 \div 5 = 10$

4 1 はこに 40 本の ボールペンが 入った はこが, 6 はこ あります。この ボールペンを, 同じ 数ずつ くばります。〈7点×2〉

(1) 同じ 数ずつ 8クラスに くばるには, 1クラスに 何本ずつ くばれば よいですか。

（しき）

```

```

(2) 3 本の ボールペンの たばを 作り, 1 人に 2 たばずつ くばると, 何人に くばることが できますか。

（しき）

```

```

5 480 まいの 画用紙を, 6 まいずつ たばにします。できた たばを, 2 たばずつ クリップで まとめたところ, クリップが 10 こ たりませんでした。はじめに, クリップは 何こ ありましたか。〈10点〉

（しき）

```

```

6 ボートが 2 そう あります。1 つの ボートには, 4 人ずつ のることが できます。また, ボートに のることが できる 時間は, 1 回 5 分です。160 人が じゅんばんに ボートに のると, ぜんぶで 何分 かかりますか。〈10点〉

（しき）

```

```

★★★ 最高レベル　　⏱30分　　／100　　答え42ページ

1 つぎの 計算を しなさい。〈4点×6〉

(1) 8 × 3 ÷ 4

(2) 36 ÷ 9 × 2

(3) 120 ÷ 3 × 8

(4) 2 × 80 ÷ 4

(5) 360 ÷ (2 + 4) × 2

(6) (2 × 60) ÷ 6 × 4

2 たし算，ひき算と かけ算，わり算が まざった 計算では，かけ算と わり算を 先に 計算します。つぎの 計算を しなさい。

〈4点×8〉

(1) 48 + 3 × 6

(2) 30 − 66 ÷ 3

(3) 4 + 120 ÷ 3 ÷ 4

(4) 80 ÷ 4 − 28 ÷ 2

(5) 30 + 40 ÷ 4 + 3 × 6

(6) 40 + 560 ÷ 7 − 20 × 5

(7) 20 × 3 + 4 × 4 + 63 ÷ 7

(8) 30 × 9 − 8 × 6 − 120 ÷ 6

3 □に あてはまる 数を 書きなさい。〈4点×3〉

(1) 120 ÷ (2 + 4) × □ = 180

(2) 360 ÷ (4 + □) × 6 = 240

(3) □ ÷ (4 + 1) × 3 = 150

4 うんどう会の ダンスでは, 6人で 30れつ ならんでいる 形から, 9人ずつに 分かれて 手をつなぎ, まるくなる 場めんが あります。まるは, 何こ できますか。〈8点〉

（しき）

5 スミレの たねが, ほうれん草の たねの 2ばいの 数だけ あります。ほうれん草の たねは, だいこんの たねの 3ばいの 数だけ あります。スミレの たねの 数は 180こです。ほうれん草の たねは, だいこんの たねよりも 何こ 多いですか。〈8点〉

（しき）

6 まんじゅうを はこに 5こ つめると 500円, 8こ つめると 740円 です。まんじゅう 1こと はこの ねだんは それぞれ 何円ですか。〈8点〉

（しき）

まんじゅう	はこ

7 花たばを 作っています。1人で 1こ 作るのに, 5分 かかります。20分間で 840こ 作るには, 何人 ひつようですか。〈8点〉

（しき）

わり算と 分数

13 分数

> ねらい ▶ 1つのものを，分けて考える分数の表し方を理解し，分数の簡単な計算ができるようにする。

★ 標準レベル　　🕐 15分　　／100　　答え 43 ページ

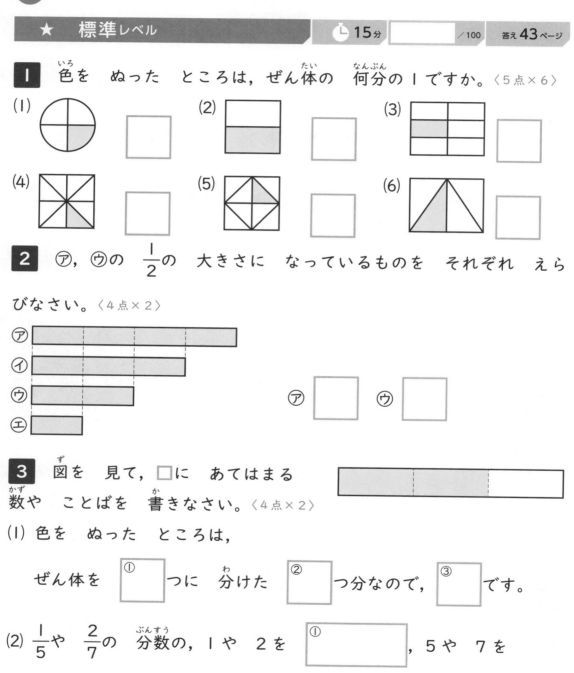

1 色を ぬった ところは，ぜん体の 何分の1ですか。〈5点×6〉

(1) ☐　　(2) ☐　　(3) ☐

(4) ☐　　(5) ☐　　(6) ☐

2 ⑦，⑦の $\dfrac{1}{2}$ の 大きさに なっている ものを それぞれ えらびなさい。〈4点×2〉

⑦ ☐　　⑦ ☐

3 図を 見て，☐に あてはまる 数や ことばを 書きなさい。〈4点×2〉

(1) 色を ぬった ところは，

ぜん体を ①☐ つに 分けた ②☐ つ分なので，③☐ です。

(2) $\dfrac{1}{5}$や $\dfrac{2}{7}$の 分数の，1や 2を ①☐ ，5や 7を

②☐ といいます。

4 色を ぬった ところは，ぜん体の どれだけですか。分数で
書きなさい。〈6点×6〉

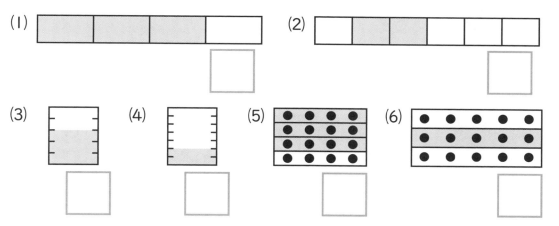

(1) □

(2) □

(3) □　(4) □　(5) □　(6) □

5 ㋐の １めもりは $\dfrac{1}{5}$ です。図を 見て 答えなさい。〈6点×3〉

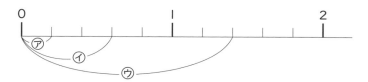

(1) ㋑は，㋐の いくつ分で，何分の何ですか。

㋑は ㋐の □① つ分で，$\dfrac{②□}{③□}$

(2) ㋒は，何分の何ですか。

$\dfrac{①□}{②□}$

(3) ㋐の ５つ分は 何分の何ですか。また，いくつと 同じに
なりますか。

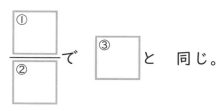

1 18この いちごが はこに 入っています。〈5点×5〉

(1) つぎの 分数は いちご 何こに なりますか。

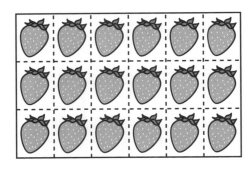

① $\frac{1}{2}$

② $\frac{2}{3}$

(2) 6等分した 4つ分の いちごは 何こですか。

(3) つぎの いちごの 数は，ぜん体の 何分の何ですか。分数で 書きなさい。

① 3こ　　　　　② 15こ

2 分数の たし算・ひき算を 考えます。右の たし算を 図に してみます。〈5点×2〉

$$\frac{3}{7}+\frac{2}{7}$$

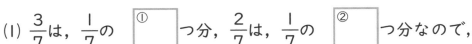

(1) $\frac{3}{7}$は，$\frac{1}{7}$の ①□つ分，$\frac{2}{7}$は，$\frac{1}{7}$の ②□つ分なので，

たし算の 答えは，$\frac{1}{7}$の ③□つ分で，④□です。

(2) $\frac{3}{7}-\frac{2}{7}$を 計算するときは，上の 図を ひき算にして，答えは，

$\frac{1}{7}$の ①□つ分で，②□です。

3 つぎの　計算を　しなさい。〈5点×8〉

(1) $\dfrac{1}{6} + \dfrac{1}{6}$　　　　　　　　(2) $\dfrac{6}{7} - \dfrac{2}{7}$

(3) $\dfrac{2}{9} + \dfrac{5}{9}$　　　　　　　　(4) $\dfrac{5}{6} - \dfrac{1}{6}$

(5) $\dfrac{3}{5} + \dfrac{2}{5}$　　　　　　　　(6) $\dfrac{7}{10} - \dfrac{5}{10}$

(7) $\dfrac{2}{4} + \dfrac{2}{4}$　　　　　　　　(8) $1 - \dfrac{2}{3}$

4 つぎの　数を　分数で　書きなさい。〈5点×2〉

(1) $\dfrac{1}{4}$の　5こ分 ◁ ┄ 1より　大きい　分数　です。

(2) $\dfrac{1}{6}$の　12こ分

5 1本の　オレンジジュースが　あります。$\dfrac{5}{8}$を　のみました。

のこりは，どれだけですか。分数で　答えなさい。〈7点〉

（しき）

6 1つの　ケーキの　$\dfrac{1}{8}$を　あすかさんが　食べ，$\dfrac{2}{8}$を

えいたさんが　食べました。のこった　ケーキは　どれだけですか。
分数で　答えなさい。〈8点〉

（しき）

★★★ 最高レベル　　　　　30分　　　　　／100　　答え44ページ

1 □に　あてはまる　＞，＜，＝の　いずれかを　書きなさい。

〈4点×4〉

(1) $\dfrac{7}{8}$ □ $\dfrac{3}{8}$　　　　(2) 1 □ $\dfrac{4}{5}$

(3) 1 □ $\dfrac{6}{6}$　　　　(4) 1 □ $\dfrac{4}{3}$

2 図を　見て，□に　あてはまる　＞，＜，＝の　いずれかを　書きなさい。〈4点×4〉

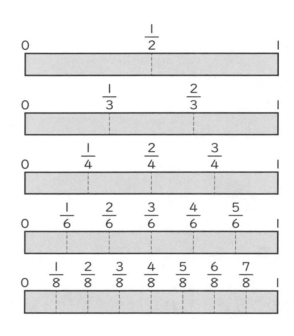

(1) $\dfrac{1}{2}$ □ $\dfrac{1}{3}$

(2) $\dfrac{1}{2}$ □ $\dfrac{2}{4}$

(3) $\dfrac{2}{8}$ □ $\dfrac{2}{6}$

(4) $\dfrac{4}{6}$ □ $\dfrac{2}{3}$

3 **2**の　図を　見て，□に　あてはまる　数を　書きなさい。

〈3点×6〉

(1) $\dfrac{1}{2} = \dfrac{□}{8}$　　(2) $\dfrac{2}{6} = \dfrac{1}{□}$　　(3) $\dfrac{6}{8} = \dfrac{□}{4}$

(4) $\dfrac{3}{6} = \dfrac{1}{□}$　　(5) $\dfrac{4}{4} = \dfrac{8}{□}$　　(6) $\dfrac{1}{4} = \dfrac{2}{□}$

4 つぎの 計算を しなさい。〈5点×6〉

(1) $\dfrac{1}{7} + \dfrac{2}{7} + \dfrac{3}{7}$

(2) $\dfrac{1}{9} + \dfrac{5}{9} - \dfrac{4}{9}$

(3) $\dfrac{5}{6} - \dfrac{3}{6} - \dfrac{1}{6}$

(4) $\dfrac{5}{8} - \dfrac{2}{8} + \dfrac{5}{8}$

(5) $1 - \dfrac{1}{5} - \dfrac{2}{5}$

(6) $\dfrac{4}{4} - \dfrac{3}{4} + \dfrac{2}{4}$

5 ある 数から $\dfrac{1}{7}$を 3回 ひいた あとに, $\dfrac{2}{7}$を たすと, 1 に なりました。ある 数は, いくつですか。〈6点〉
(しき)

6 12本の ぎゅうにゅうが あります。このうち, ゆうきさんと 弟が それぞれ $\dfrac{1}{4}$ずつ のみました。のこった ぎゅうにゅうは, 何本ですか。〈7点〉
(しき)

7 1つの かごに 入った みかんの $\dfrac{7}{8}$を 食べたら, 10こ のこりました。はじめに あった みかんは, 何こでしたか。〈7点〉
(しき)

復習テスト⑨

⏱ 25分　／100　答え 45ページ

1 つぎの わり算を しなさい。〈4点×9〉

(1) $18 \div 2$

(2) $30 \div 5$

(3) $72 \div 9$

(4) $24 \div 8$

(5) $21 \div 3$

(6) $14 \div 7$

(7) $16 \div 4$

(8) $54 \div 6$

(9) $8 \div 8$

2 つぎの 計算を しなさい。〈4点×8〉

(1) $\dfrac{3}{8} + \dfrac{4}{8}$

(2) $\dfrac{4}{5} - \dfrac{2}{5}$

(3) $\dfrac{1}{6} + \dfrac{4}{6}$

(4) $\dfrac{5}{7} - \dfrac{2}{7}$

(5) $\dfrac{2}{9} + \dfrac{7}{9}$

(6) $\dfrac{8}{10} - \dfrac{5}{10}$

(7) $\dfrac{1}{4} + \dfrac{3}{4}$

(8) $1 - \dfrac{1}{3}$

3 つぎの □に あてはまる 数を 書きなさい。〈4点×2〉

(1) $480 \div \boxed{} \div 2 = 40$

(2) $\boxed{} \div 8 \div 2 = 20$

4 36 さつの 本を, 6 さつずつ はこに 入れます。はこは, 何こ いりますか。〈4点〉

（しき）

5 ゆうとさんと くるみさんは, あわせて 84 まいの カードを もっています。くるみさんの カードは 21 まいです。ゆうとさんの カードの 数は, くるみさんの カードの 数の 何ばいですか。

〈5点〉

（しき）

6 1 まいの ピザの $\frac{3}{8}$ を さとるさんが 食べました。のこった ピザは どれだけですか。分数で 答えなさい。〈5点〉

（しき）

7 1 日に, 6 ページずつ 本を 読むと, 30 日で ぜんぶ 読みおえることが できます。〈5点×2〉

(1) 1 日に 9 ページずつ 読むと, 何日で 読みおえることが できますか。

（しき）

(2) 1 日目は 20 ページ 読みました。このあと, 1 日 8 ページずつ 読むと, ぜんぶで 何日で 読みおえることが できますか。

（しき）

復習テスト⑩

🕐 **25**分　　／**100**　答え **45**ページ

1　つぎの　わり算を　しなさい。〈3点×9〉

(1) $16 \div 4$　　　(2) $56 \div 7$　　　(3) $24 \div 6$

(4) $12 \div 2$　　　(5) $49 \div 7$　　　(6) $45 \div 5$

(7) $72 \div 8$　　　(8) $9 \div 9$　　　(9) $7 \div 1$

2　つぎの　計算を　しなさい。〈4点×8〉

(1) $\dfrac{1}{3} + \dfrac{1}{3}$　　　　　　(2) $\dfrac{5}{6} - \dfrac{2}{6}$

(3) $\dfrac{2}{4} + \dfrac{1}{4}$　　　　　　(4) $\dfrac{7}{9} - \dfrac{3}{9}$

(5) $\dfrac{2}{8} + \dfrac{4}{8}$　　　　　　(6) $\dfrac{6}{7} - \dfrac{5}{7}$

(7) $\dfrac{3}{5} + \dfrac{2}{5}$　　　　　　(8) $1 - \dfrac{1}{10}$

3　つぎの　計算を　しなさい。〈4点×4〉

(1) $10 \div 2 + 12$　　　　(2) $64 \div 8 - 5$

(3) $15 + 36 \div 6$　　　　(4) $90 - 81 \div 9$

4 じゃがいもを，１組では 120こ，２組では 130こ とりました。じゃがいもを ぜんぶ あわせたあと，５こずつ，ふくろに 入れます。ふくろは，何まい いりますか。〈6点〉

（しき）

5 １本の メロンソーダの うち，あいみさんが $\frac{1}{5}$，お兄さんが $\frac{2}{5}$ を のみました。のこった メロンソーダは，どれだけですか。分数で 答えなさい。〈6点〉

（しき）

6 １はこに 入った えんぴつの うち，$\frac{1}{7}$ を かいとさんが，$\frac{2}{7}$ を みほさんが もらいました。のこりは どれだけですか。分数で 答えなさい。〈6点〉

（しき）

7 54人が，ハイキングに さんかします。ハイキングに さんかする 人は，はたを ２本ずつ もちます。54人を ９つの グループに 分けたとき，１つの グループで ひつような はたの 数は，何本ですか。〈7点〉

（しき）

思考力問題にチャレンジ②

🕐 **30分** ／**100** 答え**46**ページ

1 つぎの ように，ある きまりに したがって 分数が ならん で います。〈10点 × 4〉

$$\frac{1}{1}, \ \frac{1}{2}, \ \frac{2}{2}, \ \frac{1}{3}, \ \frac{2}{3}, \ \frac{3}{3}, \ \frac{1}{4}, \ \frac{2}{4}, \ \frac{3}{4}, \ \frac{4}{4}, \ \frac{1}{5}, \ \cdots$$

(1) $\frac{3}{10}$は，何番目の 分数ですか。

(2) 30番目の 分数は いくつですか。

(3) 60番目までの 分数のうち，大きさが 1の 分数は 何こ あり ますか。

(4) 100番目までの 分数のうち，分子が 1の 分数は 何こ あり ますか。

2 つぎは，ゆうたさんと　ありささんが，1〜9までの　数について，計算A，計算Bを　したときの　会話です。〈10点 × 6〉

> 計算A　数に　4を　かけて，2を　ひく。
>
> 計算B　数に　5を　かけて，3を　ひく。

ゆうたさん：「6の　数に　ついて，計算Aを　すると，22に　なるね。」

ありささん：「① ＿＿＿の　数に　ついて，計算② ＿＿＿を　しても，答えは　22に　なるよ。」

ゆうたさん：「計算Aを　したあと，さらに，右の　計算Cや　計算Dを　してみよう。」

> 計算C　数に　3を　たす。
>
> 計算D　数を　2で　わる。

ありささん：「6の　数で，計算Aを　すると，22に　なるから，さらに，計算Cを　すると　25に　なるよ。」

ゆうたさん：「③ ＿＿＿の　数に　ついて，計算Aの　あとで，さらに，計算④ ＿＿＿を　すると，7に　なるね。」

(1) 会話文の，①〜④に　あてはまる　数や　記ごうを　答えなさい。

① ▢　　② ▢　　③ ▢　　④ ▢

(2) ある　数に　ついて，計算Aを　したときと，計算Bを　したときで，答えが　同じに　なりました。この　数を　もとめなさい。

(3) ある　数に　ついて，計算Aの　あとで，さらに，計算Cを　した　答えから，計算Aの　あとで，さらに，計算Dを　した　答えを　ひくと，12に　なりました。この　数を　もとめなさい。

時計や ひょう，グラフ　　　　学習日　月　日

14　時こくと　時間

ねらい　長針と短針を見て，時刻を読めるようにし，時刻と時刻の間の時間を求められるようにする。また，時間を分や秒になおす，または，その逆ができるようにする。

★　標準レベル　　　　🕐15分　　　　／100　　答え47ページ

1 時こくは，何時何分ですか。〈5点×4〉

(1) 　(2) 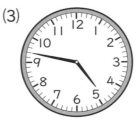　(3)　(4)

2 つぎの　時こくを　時計に　かきいれなさい。〈5点×3〉

(1) 1時15分　　　(2) 5時40分　　　(3) 12時55分

3 □に　あてはまる　数や　ことばを　書きなさい。〈5点×4〉

(1) 1時間は □ 分です。　　(2) 1日は □ 時間です。

(3) 午前と　午後は，それぞれ □ 時間です。

(4) 朝の　8時を ① [　　　　] 8時，夜の　7時を

② [　　　　] 7時と　いいます。

4 家を 出てから 家に 帰るまでの 時間は どれだけですか。

〈10点〉

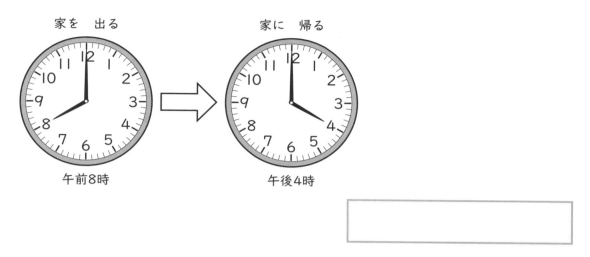

家を 出る

家に 帰る

午前8時

午後4時

5 今 9時15分です。つぎの 時こくは 何時何分ですか。

〈6点×4〉

(1) 10分前

(2) 20分後

(3) 30分前

(4) 50分後

9時15分

6 はるとさんは 学校を 2時35分に 出ました。学校から はるとさんの 家までは 16分 かかります。はるとさんは 何時何分に 家に つきますか。〈11点〉

答え **47** ページ

★★ 上級レベル　　🕐 **25**分　　／100

1 □に　あてはまる　数<ruby>数<rt>かず</rt></ruby>を　書<ruby><rt>か</rt></ruby>きなさい。〈5点×8〉

(1) 180 <ruby>分<rt>ぷん</rt></ruby> = □ <ruby>時間<rt>じ かん</rt></ruby>

(2) 1 分 = □ <ruby>秒<rt>びょう</rt></ruby>

(3) 2 <ruby>分<rt>ふん</rt></ruby> 30 秒 = □ 秒

(4) 2 日 = □ 時間

(5) 3 時間 10 分 = □ 分

(6) 135 分 = ① □ 時間 ② □ 分

(7) 240 秒 = □ 分

(8) 2 分 45 秒 = □ 秒

2 つぎの　<ruby>計算<rt>けいさん</rt></ruby>を　しなさい。〈6点×5〉

(1) 5 時間 25 分 − 4 時間 10 分

(2) 1 時間 45 分 + 2 時間 50 分

(3) 3 時間 12 分 + 1 時間 58 分

(4) 5 時間 24 分 − 2 時間 36 分

(5) 3 時間 32 分 − 2 時間 48 分

3 6 時から　9 時までの　あいだに　<ruby>時計<rt>と けい</rt></ruby>の　<ruby>長<rt>なが</rt></ruby>い　はりは　<ruby>何回<rt>なんかい</rt></ruby>　まわりますか。〈5点〉

4 かいとさんと　そうたさんは，それぞれ　7時45分に　家を
出て，かいとさんは　7時58分に，そうたさんは　8時10分に　学
校に　つきました。〈5点×2〉

(1) かいとさんと　そうたさんは，家から　学校まで　それぞれ　何分
　　かかりますか。

かいとさん ⬚

そうたさん ⬚

(2) かいとさんと　そうたさんの　家から　学校まで　つくのに　かか
　　る　時間の　ちがいは　何分ですか。

⬚

5　あおいさんは，午前7時10分に　おきて，45分間で　学校へ
行く　じゅんびを　してから　家を　出て，18分かけて　学校へ　行
きました。学校に　ついたのは　何時何分ですか。〈7点〉

⬚

6　はるなさんは，午前10時10分に　家を　出て，図書かんに　行
き，午後2時45分に　家に　帰って　きました。はるなさんの　家か
ら　図書かんまでは　行きも　帰りも　15分　かかります。はるな
さんは，図書かんに　何時間何分　いましたか。〈8点〉

⬚

★★★ 最高レベル　　　　　⏱30分　　　　　／100　　答え48ページ

1　つぎの　計算を　しなさい。〈8点×5〉

(1) 3時間42分＋2時間39分

(2) 4時間13分－1時間48分

(3) 1時間56分＋4時間12分－2時間12分

(4) 1時間5分×2

(5) 2時間15分×4

2　つぎの　時間を　書きなさい。〈8点×4〉

(1) 午前7時15分から　午後6時40分までの　時間

①　時間②　分

(2) 午前6時25分から　つぎの　日の　午前9時35分までの　時間

①　時間②　分

(3) 午前8時46分から　つぎの　日の　午後3時22分までの　時間

①　時間②　分

(4) 午前11時28分から　午後2時22分までの　時間（分）

分

3 ななみさんは 水ぞくかんに 午前10時15分に つきました。ななみさんは 午後2時40分からの イルカの ショーを 見る つもりです。 昼ごはんを 食べるのに 35分 かかると すると，ショーが はじまる までに 生きものを 見て まわる ことが できる 時間は，何時間何分ですか。〈8点〉

4 ゆうまさんは，家から 歩いて 公園に 行き，午前11時12分に つきました。ゆうまさんが 家を 出た 20分後に お父さんが わすれものに 気づいて 自てん車で おいかけ，6分後に 公園に つきました。ゆうまさんは 家から 公園まで お父さんの 3ばいの 時間が かかりました。お父さんは 公園に 何時何分に つきましたか。〈10点〉

5 あやかさんは おととい 午後9時3分に ねて，きのうは 午前7時12分に おきました。きのうは おとといよりも 10分 はやくねて，今日は きのうよりも おそく おきたので，おとといよりも 30分間 多く ねました。今日は 何時何分に おきましたか。〈10点〉

15　ひょうと　グラフ

ねらい　表やグラフに表したり，表やグラフから数量を正確に読み取れるようにする。

★　標準レベル　　　　　🕐 15分　　　　／100　　答え 49ページ

1 つぎのように，♠(スペード)，♥(ハート)，♣(クラブ)，♦(ダイヤ)の　マーク
が　あります。〈10点×4〉

(1) マークの　数を，○を　つかって　右の　グ
ラフに　つづきを　かきなさい。

(2) マークの　数を　下の　ひょうに　書きなさ
い。

マーク	♠	♥	♣	♦
数				

(3) いちばん　多い　マークは　どれですか。

(4) ♣と　♥の　数の　ちがいは　いくつですか。

2 下の ひょうは，1組の すきな あそびしらべの 人数を あらわした ものです。〈12点×3〉

すきなあそびしらべ

しゅるい	人数（人）
ボールあそび	12
なわとび	6
おにごっこ	11
てつぼう	3
合計	32

（人）　すきな あそびしらべ

15

10

5

0

ボールあそび　　おにごっこ　　なわとび　　てつぼう

(1) 上の ひょうを，右の ぼうグラフに あらわしなさい。

(2) おにごっこの 人数は，なわとびの 人数より 何人 多いですか。

(3) ボールあそびの 人数は，てつぼうの 人数の 何ばいですか。

3 右の グラフは，2組の すきな きゅう食しらべの 人数を あらわした ものです。〈12点×2〉

(1) 1目もりは 何人ですか。

(2) 2組の人数は何人ですか。

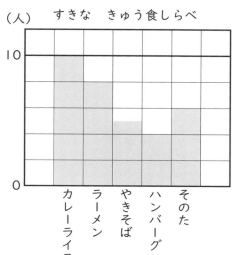

（人）　すきな きゅう食しらべ

10

0

カレーライス　ラーメン　やきそば　ハンバーグ　そのた

★★ **上級**レベル　　🕐25分　　／100　　答え**49**ページ

1　つぎの　ひょうは，1組と　2組の　すきな　どうぶつを　「正」を　書いて，しらべた　ものです。下の　ひょうに　数を　書き入れなさい。〈20点〉

すきな　どうぶつ（1組）

しゅるい	人数（人）
犬	正T
ねこ	正正T
ハムスター	正正
合計	28

すきな　どうぶつ（2組）

しゅるい	人数（人）
犬	正正
ねこ	正正一
ハムスター	正
合計	26

しゅるい ＼ 組	1組	2組	合計
犬			
ねこ			
ハムスター			
合計			

2　右の　グラフは，2年生で　行った　10点　まん点の　計算の　テストの　けっかを　あらわした　ものです。〈8点×2〉

(1) 点数が　6点より　多い　人と　6点より　少ない　人の　人数の　ちがいは　何人ですか。

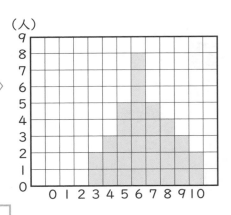

（人）

(2) 2年生　ぜん体の　人数は，6点の　人の　人数の　何ばいですか。

3 右の グラフは，お年玉の 金がく
を しらべた ものです。〈8点×3〉

(1) 1目もりは いくらを あらわして
いますか。

(2) そうたさんは，かえでさんよりも
いくら 多く お年玉を もらいまし
たか。

(3) そらさんと そうたさんの 金がくの
ちがいは，そらさんと かえでさんの
金がくの ちがいの 何ばいですか。

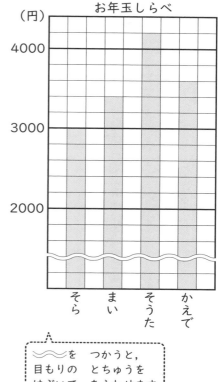

お年玉しらべ
（円）
4000
3000
2000

そら　まい　そうた　かえで

〰〰を つかうと，
目もりの とちゅうを
はぶいて あらわせます。

4 右の ひょうは，春休み，夏休み，
冬休み中に，図書室で かりた 本の
しゅるいと 数を しらべた ものです。

(1) ひょうの あいている ところに
あてはまる 数を 書きなさい。
〈4点×8〉

しゅるい	春休み	夏休み	冬休み	合計
おはなし	①	31	24	72
でんき	7	10	②	③
ずかん	12	④	15	40
そのほか	4	7	⑤	15
合計	⑥	⑦	48	⑧

① ＿＿＿　② ＿＿＿

③ ＿＿＿　④ ＿＿＿

⑤ ＿＿＿　⑥ ＿＿＿　⑦ ＿＿＿　⑧ ＿＿＿

(2) 春休み，夏休み，冬休みのうち，かりた 本の 数が いちばん
多いのは いつですか。〈8点〉

★★★ 最高レベル　　　⏱30分　　／100　　答え50ページ

1 右の　ひょうは，ゆうきさんの
クラスで，ぎゅうにゅうと　なっとう
が　すきか　どうかを　しらべたもの
です。

		ぎゅうにゅう		
		すき	きらい	合計
な っ と う	すき	①	7人	12人
	きらい	②	12人	③
	合計	15人	④	⑤

(1) ひょうの　あいている　ところ
　　に　あてはまる　人数を　書きな
　　さい。〈6点×5〉

①　　②　　③　　④ 　　⑤

(2) なっとうが　きらいな　人は
　　何人ですか。〈8点〉

(3) ぎゅうにゅうは　きらいだが，なっとうは　すきな　人は　何人
　　いますか。〈8点〉

2 ゆうさんの　クラスで，算数の　テストを　しました。テストは，
①〜③の　3つの　もんだいが　あり，①は　2点，②は　3点，③は
5点でした。下の　ひょうは，とく点を　まとめた　ものです。

とく点（点）	0	2	3	5	7	8	10
人数（人）	1	3	2	9	7	6	2

(1) ゆうさんの　クラスは　ぜんぶで
　　何人　いますか。〈6点〉

(2) ③の　もんだいを　せいかい　した人は　17人　いました。③だ
　　けを　せいかい　した人は　何人いますか。〈8点〉
　　（しき）

3 右の グラフは, そうたさんが うけた 4回分の 国語と 算数の テストの 点数を あらわしています。

〈8点×3〉

(1) 国語と 算数が 同じ 点数に なったのは 何回目ですか。

```
┌─────────────────────────┐
│                         │
└─────────────────────────┘
```

(2) 算数の 点数が 同じ だったのは 何回目と 何回目ですか。

```
┌──────────────────────────────┐
│    回目と        回目          │
└──────────────────────────────┘
```

(3) 国語と 算数の 点数の ちがいが いちばん 大きかったのは 何回目ですか。また, それは 何点の ちがいでしたか。

```
┌──────────────────────────────┐
│   回目で,        点のちがい。   │
└──────────────────────────────┘
```

4 下の ひょうは, ある お店の 30人分の ちゅう文を まとめた ものです。1人分の おべん当には, 食べもの 1つと ドリンク 1つが つきます。おむすびを ちゅう文した 人は 24人, そのなかで お茶を ちゅう文したのは 17人, おすしと お茶を ちゅう文したのは 6人です。おすしと ジュースを ちゅう文した 人はいませんでした。〈8点×2〉

(1) ひょうの あいている ところに あてはまる 数を 入れなさい。

	おむすび	おすし	計
お茶			
ジュース			
計			

(2) お茶を ちゅう文したのは 何人ですか。

```
┌─────────────────────────┐
│                         │
└─────────────────────────┘
```

復習テスト⑪ ⏱25分 ／100 答え51ページ

1 □に　あてはまる　数を　書きなさい。〈4点×8〉

(1) 240分 = □ 時間

(2) 5分 = □ 秒

(3) 3分10秒 = □ 秒

(4) 1日 = □ 時間

(5) 4時間12分 = □ 分

(6) 74分 = ① □ 時間 ② □ 分

(7) 180秒 = □ 分

(8) 3分25秒 = □ 秒

2 あいこさんは, かえでさんと　さらささんと　ゆうなさんが　それぞれ　あつめている　けしゴムの　数を　右の　ように　まとめました。〈6点×3〉

(1) 1目もりが　あらわす　けしゴムの　数は　何こですか。

（こ）
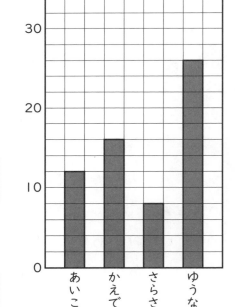

(2) あいこさんと　ゆうなさんの　もっている　けしゴムの　ちがいは　何こですか。

(3) かえでさんと　さらささんの　こ数の　ちがいは, かえでさんと　あいこさんの　こ数の　ちがいの　何ばいですか。

3 右の 時計が あらわす 時間の 48分後は 何時何分ですか。〈8点〉

---

4 かいとさんは，お母さんと まち合わせを した お店まで 家から 歩いて 行きます。まち合わせの 時間は 午後1時です。かいとさんは，家を 出て，歩いて 15分の ところに ある 公園で 40分間 あそんでから，さらに 10分 歩いて まち合わせの 時間 ちょうどに お店に つきました。かいとさんが 家を 出たのは，午前何時何分ですか。〈10点〉

---

5 右の ひょうは，1組～3組の 人たちの いちばん すきな 食べものを あらわした ものです。

ひょうの あいている ところに あてはまる 数を 書きなさい。〈4点×8〉

しゅるい	1組	2組	3組	合計
おすし	12	①	②	44
ラーメン	③	④	9	26
カレーライス	8	7	5	⑤
そのほか	1	3	⑥	6
合計	32	33	⑦	⑧

①　　　　②　　　　③　　　　④

⑤　　　　⑥　　　　⑦　　　　⑧

復習テスト⑫

⏱ 25分　　／100　答え51ページ

1 □に あてはまる 数を 書きなさい。〈8点×5〉

(1) 2時間47分＋3時間34分＝ ① 　 時間 ② 　 分

(2) 4時間22分－1時間37分＝ ① 　 時間 ② 　 分

(3) 42分39秒＋10分50秒＝ ① 　 分 ② 　 秒

(4) 5時間38分19秒＋3時間24分35秒＝

① 　 時間 ② 　 分 ③ 　 秒

(5) 4時間23分38秒－2時間23分58秒＝

① 　 時間 ② 　 分 ③ 　 秒

2 右の グラフは, さくらさ んが 先週, テレビを 見 た 時間を あらわした も のです。〈10点×2〉

(1) グラフの 1目もりは 何分 を あらわして いますか。

[　　　　　　　　　　]

(2) テレビを 見た 時間が い ちばん 長かった 曜日と いちばん みじかかった 曜日の ち がいは 何分ですか。

[　　　　　　　　　　]

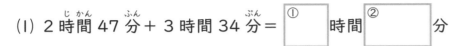

（分）　　テレビを 見た 時間

80
70
60
50
40
30
0
　　月　火　水　木　金　土　日

3 右の ひょうは, 1組と 2組の 人たちの いちばん すきな 教科を あらわした ものです。〈10点×2〉

教科	1組	2組	合計
国語	16	12	
算数	12	15	
生活	5	4	
合計			

(1) 1組と 2組は あわせて 何人ですか。

(2) 1組と 2組を あわせると, 算数が すきな 人の 数は, 生活が すきな 人の 数の 何ばいですか。

4 ゆきさんは, 午前8時10分に 家を 出て, 16分間 歩いてえきまで 行きました。えきで 7分 まって, 電車に 12分間 のって となりの えきに つきました。となりの えきに ついたのは午前何時何分ですか。〈10点〉

5 みなとさんと はるなさんは, 11時35分に 公園を 出て, みなとさんは 11時51分に, はるなさんは 12時3分に それぞれの家に つきました。〈5点×2〉

(1) みなとさんと はるなさんは, 公園から 家まで それぞれ 何分かかりますか。

みなとさん　　　　　　　　　　はるなさん

(2) みなとさんと はるなさんが 公園から 家まで 帰るのに かかる 時間の ちがいは 何分ですか。

16　長さ

ねらい　短い距離・長い距離の表し方を学び，mm，cm，m，km を相互に換算できるようにする。

★　**標準レベル**　⏱ 15分　／100　答え 52ページ

1　□に　あてはまる　数を　書きなさい。〈4点×8〉

(1) 20mm = ☐ cm

(2) 5cm = ☐ mm

(3) 6cm2mm = ☐ mm

(4) 63cm = ☐ mm

(5) 500mm = ☐ cm

(6) 8m = ① ☐ cm = ② ☐ mm

(7) 1m25cm = ☐ cm

(8) 317cm = ① ☐ m ② ☐ cm

2　□に　あてはまる　>，<，=を　書きなさい。〈4点×8〉

(1) 3cm1mm ☐ 37mm

(2) 4cm ☐ 40mm

(3) 6cm7mm ☐ 67mm

(4) 602mm ☐ 6cm2mm

(5) 18cm ☐ 1800mm

(6) 4m32cm ☐ 432cm

(7) 20cm2mm ☐ 2m2mm

(8) 312cm ☐ 3m20cm

3 □に あてはまる 数を 書きなさい。〈4点×6〉

(1) 20cm × 4 = ☐ cm   (2) 3m × 8 = ☐ m

(3) 5cm7mm + 2cm4mm = ①☐ cm ②☐ mm

(4) 7cm2mm − 2cm5mm = ①☐ cm ②☐ mm

(5) 3m74cm + 2m55cm = ①☐ m ②☐ cm

(6) 6m36cm − 4m58cm = ①☐ m ②☐ cm

4 右の 図の まわりの 長さは
何 cm ですか。〈6点〉

(しき)

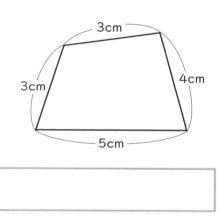

5 リボンを 同じ 長さに 切ったところ, ちょうど 8本できて,
1本の 長さが 5cmに なりました。はじめの リボンの 長さは
何 cm ですか。〈6点〉

(しき)

★★ **上級**レベル　　　　　　　　　🕐25分　　　　　／100　　答え**52**ページ

1 □に　あてはまる　ことばや　数を　書きなさい。〈5点×6〉

(1) 1000m＝1km で，km は，□□□□□□□ と　いいます。

(2) まっすぐに　はかった　長さを
きょりと　いい，図で，家から　学
校までの　きょりは，①□□□ m
です。道に　そって　はかった　長さを　道のりと　いい，家から
学校までの　道のりは，②□□□ mです。

950m
家
500m
600m
学校

(3) 4km20m ＝ □□□ m　　　(4) 6718m ＝ ①□□ km ②□□ m

(5) 3km224m ＝ □□□ m　　　(6) 3m2cm2mm ＝ □□□ mm

2 □に　あてはまる　数を　書きなさい。〈5点×6〉

(1) 56km ÷ 7 ＝ □ km　　　　(2) 800m × 5 ＝ □ km

(3) 4km500m － 2km140m ＝ ①□ km ②□ m

(4) 6km730m ＋ 2km520m ＝ ①□ km ②□ m

(5) 10km680m － 3km980m ＝ ①□ km ②□ m

(6) 8km － 5km450m ＝ ①□ km ②□ m

3 つぎの 長さを はかるときは，ふつう，どの たんいを つかいますか。km，m，cm，mm の いずれかを 書きなさい。〈5点×5〉

(1) えんぴつの しんの 太（ふと）さ

(2) 子どもが 1分間（ぷんかん）に 歩（ある）く 道のり

(3) 車が 1時間（じかん）に 走（はし）る 道のり

(4) 校しゃの 高（たか）さ

(5) 下じきの たての 長さ

4 20cmの テープが 2本あります。この テープを 2cm のりづけし，1本に つなげました。つなげた テープの 長さは 何（なん）cmですか。〈7点〉
(しき)

5 右の 図の ような タイル5まいを 下の ように ならべました。このとき，まわりの 長さ（太線（ふとせん）の 長さ）は 何cmですか。〈8点〉
(しき)

1 □に あてはまる 数を 書きなさい。〈8点×6〉

(1) 3m62cm × 2 = ① ☐ m ② ☐ cm

(2) 4m22cm ÷ 2 = ① ☐ m ② ☐ cm

(3) 1m − 68cm5mm = ① ☐ cm ② ☐ mm

(4) 500m × 6 − 200m × 10 = ☐ km

(5) 800m ÷ 2 + 600m × 8 = ① ☐ km ② ☐ m

(6) 2km × 4 − 300m × 7 = ① ☐ km ② ☐ m

2 右の 図について, 答えなさい。〈8点×2〉

学校　4km800m　図書かん　3km800m　えき
4km　6km
4km500m　4km600m
びょういん　2km100m　家

(1) 家から えきを 通って, 図書かんに 行きました。 道のりは 何km何mですか。

（しき）

☐

(2) 学校から びょういんを 通って, えきまで 行く 道のりと, えきから 図書かんを 通って, 学校まで 行く 道のりの ちがい は 何mですか。

（しき）

☐

3 ゆうとさんは 電車で おばさんの 家まで 行きます。ゆうと さんの 家から 近くの えきまでは 720m, そこから おばさんの 家の 近くの えきまでは 4km420m の 道のりが あります。電車 を おりて, えきから おばさんの 家までは 280m 歩いて つき ました。ゆうとさんの 家から おばさんの 家までの 道のりは 何km何m ですか。〈10点〉

（しき）

4 長さ 13cm の リボ ンが 9本あります。図の ように, のりしろを すべ て 2cm に して ぜんぶ つなぐと, ぜん体の 長さは 何m何cm に なりますか。〈13点〉

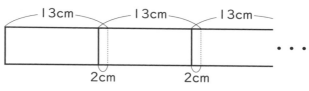

（しき）

5 はるきさんの クラスの 4人で ソフトボールなげを 行いま した。はるきさんは 13m32cm で, つむぐさんは はるきさんよりも 43cm 長く, みゆさんは つむぐさんよりも 57cm みじかく, は るなさんは みゆさんよりも 12cm 長い けっかと なりました。 4人の 合計の 長さは 何m何cm ですか。〈13点〉

（しき）

17　かさ

> **ねらい** 水のかさの単位 L，dL，mL の変換や計算ができるようにする。

★ 標準レベル　⏱15分　／100　答え **54**ページ

1 □に あてはまる 数を 書きなさい。〈4点×4〉

(1) 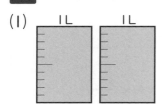 □ L

(2) 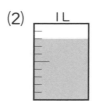 □ dL

(3) 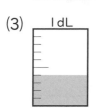 □ mL

(4)  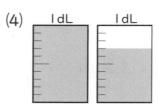 □ mL

2 □に あてはまる 数を 書きなさい。〈4点×6〉

(1) 40dL = □ L

(2) 24dL = ① □ L ② □ dL

(3) 6L2dL = □ dL

(4) 500mL = □ dL

(5) 7L = □ mL

(6) 2dL = □ mL

3 □に あてはまる ＞，＜，＝を 書きなさい。〈4点×4〉

(1) 35dL □ 4L

(2) 2L □ 1800mL

(3) 5dL □ 500mL

(4) 3L7dL □ 3L70mL

4 ア，イ，ウを 水の かさが 大きい ものから じゅんに 答えなさい。〈8点〉

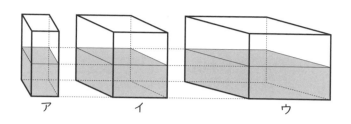

ア　　　イ　　　　　　　ウ

→	→

5 □に あてはまる 数を 書きなさい。〈4点×6〉

(1) 3L + 6L = □ L

(2) 10L − 6L = □ L

(3) 6dL + 2dL = □ dL

(4) 8dL − 2dL = □ dL

(5) 200mL + 300mL = □ mL

(6) 1000mL − 360mL = □ mL

6 200mL の パックジュースと，500mL の ペットボトルの お茶が あります。〈6点×2〉

(1) ジュースと お茶は あわせて 何mL ありますか。

（しき）

(2) ジュースと お茶の かさの ちがいは 何mL ですか。

（しき）

 **上級レベル** 　　⏱ 25分 　　／100 　答え 54ページ

1 1Lますに，つぎの　水の　かさと　同じ　分だけ　色を　ぬりなさい。〈5点×2〉

(1) 7dL

(2) 10dL

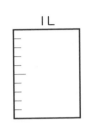

2 □に　あてはまる　数を　書きなさい。〈5点×4〉

(1) 32L = □ dL

(2) 200dL = □ L

(3) 8L4dL = □ mL

(4) 5000dL = □ L

3 □に　あてはまる　数を　書きなさい。〈5点×6〉

(1) 5L3dL + 2L5dL = ①□ L ②□ dL

(2) 9L6dL − 5L4dL = ①□ L ②□ dL

(3) 7L840mL − 6L620mL = ①□ L ②□ mL

(4) 2L4dL + 1L2dL + 6L3dL = ①□ L ②□ dL

(5) 7dL + 5dL + 6dL = ①□ L ②□ dL

(6) 10L2dL − 3L7dL − 1L3dL = ①□ L ②□ dL

4 かおりさんは, ぎゅうにゅうを 朝は 家で 180mL, 昼は きゅう食で 200mL, 夜は 家で 160mL のみました。〈10点×2〉

(1) かおりさんが 1日に のんだ ぎゅうにゅうは 何mL ですか。
（しき）

(2) かおりさんが 家で のんだ ぎゅうにゅうの 合計と, きゅう食で のんだ ぎゅうにゅうの かさの ちがいは 何mL ですか。
（しき）

5 きのう, りなさんの 家では 2L の オレンジジュースを 1本 買いました。きのうの 夜に りなさんと 妹で いっしょに 180mL ずつ のみ, 今日の 朝, お父さんが 240mL のみました。〈10点×2〉

(1) きのうの 夜, りなさんと 妹で のんだ オレンジジュースは あわせて 何mL ですか。
（しき）

(2) 今日の 朝, お父さんが のんだあと, のこっている オレンジジュースは 何L何mL ですか。
（しき）

★★★ 最高レベル　　　🕐 30分　　　／100　　答え 55 ページ

1 □に あてはまる 数を 書きなさい。〈5点×8〉

(1) 2L × 6 = □ L

(2) 3L120mL × 2 = ① □ L ② □ mL

(3) 4L7dL × 2 = ① □ L ② □ dL

(4) 3L230mL × 3 = ① □ L ② □ mL

(5) 3L + 260mL − 5dL = ① □ L ② □ mL

(6) 6L3dL + 3L □ mL = 9L7dL

(7) 8L530mL − ① □ L ② □ mL = 5L2dL

(8) 4290mL − 3L2dL + □ L = 8L90mL

2 1L の ペンキが あります。はるとさんが 160mLずつ カップに 分けていきます。〈8点×2〉

(1) 160mL の カップは 何こ できて,ペンキは 何mL あまりますか。

（しき）

□

(2) あと 何mL あれば,160mL の カップが もう 1つ できますか。

（しき）

□

3 るみさんと ここねさんと かえでさんの 3人が 500mL ずつ ジュースを もらいました。るみさんは 380mL だけ のみ，ここね さんは るみさんよりも 90mL 多くのみ，かえでさんは，ここね さんよりも 100mL 少ない ジュースを のみました。〈8点×3〉

(1) かえでさんは ジュースを 何mL のみましたか。

（しき）

⬚

(2) いちばん たくさん ジュースを のんだ 人と いちばん 少な い 人の ちがいは 何mL ですか。

（しき）

⬚

(3) のこった ジュースは 3人ぶん あわせて 何mL ですか。

（しき）

⬚

4 1L500mL の ボトル1本に 入った ひりょうを 毎日 400mL ずつ 花だんに まいていきます。〈10点×2〉

(1) この ひりょうは，何日で つかい おわりますか。

（しき）

⬚

(2) 10日間，毎日 400mL ずつ ひりょうを まくには，1L500mL の ボトルが 何本 いりますか。

（しき）

⬚

学習日　　月　　日

18　三角形と　四角形

ねらい　三角形と四角形のさまざまな種類を知り，それぞれの特徴がわかるようにする。

★　標準レベル　　🕐15分　　　／100　　答え 56ページ

1 つぎの　図を　見て，それぞれの　名前を　答えなさい。〈5点×2〉

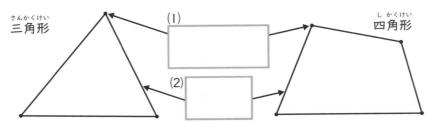

三角形

(1)

四角形

(2)

2 □に　あてはまる　数や　ことばを　書きなさい。〈5点×3〉

(1) 三角形には　ちょう点が　①□こ，へんが　②□本　あります。

(2) 四角形には　ちょう点が　①□こ，へんが　②□本　あります。

(3) 正方形と　長方形は，4つの　かどが　みんな　□　です。

3 下の　図の　ア〜オから，直角を　すべて　えらびなさい。〈10点〉

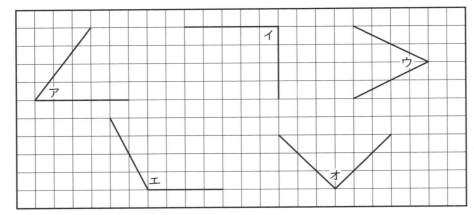

4 三角じょうぎの 直角を す
べて えらびなさい。〈10点〉

〔　　　　　　　　　　　　〕

5 図を 見て, あてはまる 形を ア～コの 記ごうで すべて
答えなさい。〈5点×5〉

(1) 三角形

〔　　　　　　　　　　　　〕

(2) 四角形

〔　　　　　　　　　　　　〕

(3) 正方形 〔　　　　　　　　〕　　(4) 長方形 〔　　　　　　　　〕

(5) 直角三角形 〔　　　　　　　　〕

6 アは 正方形, イは 長方形です。①～⑤の 長さを 答えなさ
い。〈6点×5〉

①〔　　　　　　〕　　②〔　　　　　　〕　　③〔　　　　　　〕

④〔　　　　　　〕　　⑤〔　　　　　　〕

1 つぎの 図の 中には 三角形が 何こ ありますか。たとえば，△ のときには，△ と △ と △ の 3こと 数えます。〈6点×3〉

(1)

(2)

(3)

2 1つの へんが 3cmの 正方形を，1つの へんを 3等分した 直線で 分けた ところ，右下の 図の ように，さまざまな 大きさの 正方形が できました。〈8点×3〉

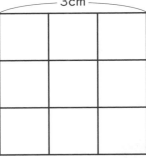
3cm

(1) いちばん 小さい へんの 長さは 何cm ですか。

(2) へんの 長さが 2cmの 正方形は ぜんぶで 何こ ありますか。

(3) 正方形は ぜんぶで 何こ ありますか。

3 右の 長方形を 点線で 切ると，どのような 2つの 図形が できますか。〈8点〉

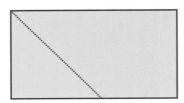

　　　　　　　　　　　　　　と

4 つぎの 図形の まわりの 長さは 何cmですか。〈10点×3〉

(1) 1つの へんの 長さが 3cmの 正方形
   （しき）

(2) たてが 5cm，よこが 3cmの 長方形
   （しき）

(3) 3つの へんの 長さが 3cm，4cm，5cmの 直角三角形（ちょっかくさんかくけい）
   （しき）

5 右の 図の ように 4つの 点が ならんで います。この 点の 中から 3つの 点を えらんで できる 三角形は 何こ ありますか。〈10点〉

6 1つの へんの 長さが 3cm の 正方形が あります。図の よう に，かさなる ぶぶんが 1つの へ んの 長さが 1cmの 正方形に なるように，5この 正方形を な らべると，まわりの 長さは 何cmに なりますか。〈10点〉
（しき）

★★★ 最高レベル　　🕐 30分　　／100　　答え 57 ページ

1 1つの へんの 長_{なが}さが 2cm の 正方形_{せいほうけい}が あります。つぎの ように ならべて できた 図形_{ずけい}の まわりの 長さは 何_{なん}cm ですか。

〈10点×4〉

(1) 4こ ならべて できた 正方形
　（しき）

(2) 9こ ならべて できた 正方形
　（しき）

(3) 3こ ならべて できた 長方形_{ちょうほうけい}
　（しき）

(4) 4こ ならべて できた 長方形
　（しき）

2 右の 図の 中に 直角三角形_{ちょっかくさんかくけい}は 何こ ありますか。〈10点〉

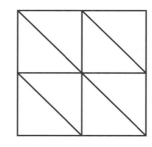

3 下の 図の ような たて2cm, よこ4cm の 長方形を すきまなく ならべて, 正方形を つくります。〈15点×2〉

(1) いちばん 小さい 正方形を かきなさい。また, そのときの 1つの へんの 長さを 答えなさい。

(2) (1)の つぎに 小さい 正方形を かきなさい。また, そのときの 1つの へんの 長さを 答えなさい。

4 正方形の おり紙が 1まい あります。〈10点×2〉

(1) イと エが かさなる ように おります。できあがる 図形は 何ですか。

(2) (1)で できた 図形を, さらに アと ウが かさなる ように おります。できあがる 図形は 何ですか。

19 三角形と 角

学習日 　月　　日

ねらい 二等辺三角形や正三角形の性質を知り，その角の大きさなどを求められるようにする。

★ 標準レベル ⏱15分 ／100 答え58ページ

1 □に あてはまる 数を 書きなさい。〈5点×4〉

(1) 二等辺三角形は □つの へんが 同じ 長さです。

(2) 二等辺三角形は □つの 角が 同じ 大きさです。

(3) 正三角形は □つの へんが 同じ 長さです。

(4) 正三角形は □つの 角が 同じ 大きさです。

2 右の ア〜エの 図形の 中で，二等辺三角形はどれですか。すべて 答えなさい。〈10点〉

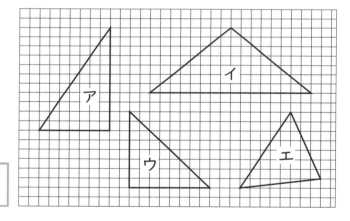

3 右の アは 正三角形，イは 二等辺三角形です。①〜③の 長さを 答えなさい。〈5点×3〉

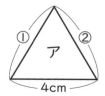
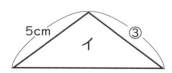

① [　　　] ② [　　　] ③ [　　　]

4 コンパスを つかって, つぎの 三角形を かきなさい。〈10点×2〉

(1) 1ぺん 3cm の正三角形　　　(2) 3cm, 4cm, 4cm の二等辺三角形

―3cm―　　　　　　　　　　　　　　―3cm―

5 右の ような 三角じょうぎが あります。〈5点×3〉

(1) いちばん 大きい 角は どれですか。すべて 答えなさい。

(2) いちばん 小さい 角は どれですか。

(3) 角の 大きさが ひとしいのは どれと どれですか。すべて 答えなさい。

6 右の アは 正三角形, イは 二等辺三角形です。

〈10点×2〉

(1) 正三角形アに ついて, ①と 同じ 角を すべて 答えなさい。

(2) 二等辺三角形イに ついて, ①と 同じ 角を すべて 答えなさい。

1 右の　長方形を　点線で　切ると，4つの　図形が　できます。アと　イの　図形の　名前は　何ですか。

〈5点×2〉

ア ☐

イ ☐

2 つぎの　ア～エの　角を　小さい　ものから　答えなさい。〈10点〉

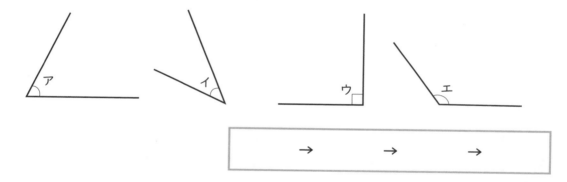

☐ → ☐ → ☐ → ☐

3 2へんの　長さが　8cmの　二等辺三角形が　あります。〈10点×2〉

(1) イと　ウが　かさなる　ように　おります。できあがる　図形は　何ですか。

☐

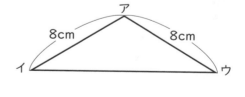

(2) この　二等辺三角形を　4こ　つかって　二等辺三角形を　つくります。同じ　長さの　2へんは　何cmに　なりますか。

☐

4 つぎの 図形の まわりの 長さは 何cmですか。〈10点×3〉

(1) 1つの へんの 長さが 5cmの 正三角形（せいさんかくけい）

（しき）

（　　　　　　　　）

(2) 同じ 長さの 2へんが 8cm, のこりの 1ぺんが 10cmの 二等辺三角形

（しき）

（　　　　　　　　）

(3) 3つの へんの 長さが 3cm, 4cm, 5cmの 直角三角形（ちょっかくさんかくけい）と 3つの へんの 長さが 5cm, 12cm, 13cmの 直角三角形を 5cmの へんで くっつけて できた 四角形

（しき）

（　　　　　　　　）

5 右の 図は, 1ぺん 3cmの 正三角形を ならべて できた 正三角形です。〈10点×3〉

(1) できあがった 正三角形の 1ぺんの 長さは何cmですか。

（しき）

（　　　　　　　　）

(2) できあがった 正三角形の まわりの 長さは 何cmですか。

（しき）

（　　　　　　　　）

(3) できあがった 正三角形の 中には, 1ぺん 3cmの 正三角形は 何こ ありますか。

（　　　　　　　　）

1 下の　ア〜エの　角の　うち，直角よりも　小さい　角は　どれですか。記ごうで　すべて　答えなさい。〈10点〉

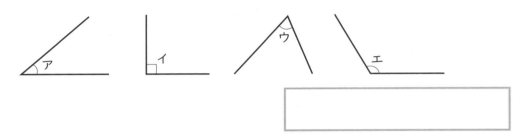

2 1ぺんの　長さが　1cmの　正三角形を，1ぺんの　長さが　4cmの　正三角形の　中に　すきまなくしきつめて　いきます。1ぺん　1cmの　正三角形は　何こ　いりますか。

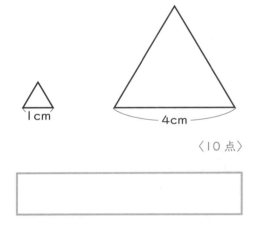

〈10点〉

3 つぎの　三角形の　名前を　答えなさい。〈10点×3〉

(1) 3ぺんの　長さが　5cm，5cm，8cmである　三角形

(2) 2へんの　長さが　6cm，4cmで，その　2へんの　間の　角が　直角である　三角形

(3) 3ぺんの　長さが　7cm，7cm，7cmである　三角形

4 1ぺん 4cm の 正方形を ななめに まっすぐに 切り, 同じ 形の 三角形 2つに 分けました。ア, イの 長さは 何cmですか。

〈10点×2〉

ア [　　　　　　　　　　　]

イ [　　　　　　　　　　　]

5 右の 図は 同じ 二等辺三角形を すきまなく ならべて 大きな 二等辺三角形を 作った ものです。この 中に 二等辺三角形は 何こ ありますか。〈10点〉

[　　　　　　　　　　　]

6 右の ①は 正三角形, ②は 二等辺三角形で, 2つの 図形の まわりの 長さは 同じです。

〈10点×2〉

(1) アの 長さは 何cmですか。
  (しき)

[　　　　　　　　　　　]

(2) ①の 1ぺんの 長さを 2cm 長くした 正三角形を かくと, まわりの 長さは 何cmに なりますか。
  (しき)

[　　　　　　　　　　　]

20 はこの 形

ねらい▶ 箱の仕組みを理解し，その展開図からもとの箱の形を想像できるようにする。

★ 標準レベル ⏱15分 ／100 答え60ページ

1 図を 見て，それぞれの 名前を 答えなさい。〈6点×3〉

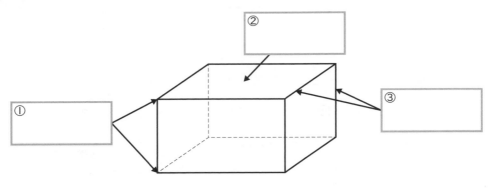

①
②
③

2 ひごと ねんど玉を つかって，右のような 大きさの はこを 作ります。〈6点×4〉

ねんど玉　ひご
3cm　5cm　2cm

(1) 2cm の ひごは 何本 いりますか。

(2) 3cm の ひごは 何本 いりますか。

(3) 5cm の ひごは 何本 いりますか。

(4) ねんど玉は 何こ いりますか。

3 □に あてはまる 数や ことばを 書きなさい。〈5点×2〉

(1) はこの 形には めんが ①□ つ，へんが ②□ 本，ちょう点が ③□ つ あります。

(2) さいころの 形を した はこの めんの 形は □ です。

4 右の 図の ような はこが あります。〈6点×3〉

(1) アの めんは どのような 形ですか。

□

(2) イの めんの まわりの 長さは 何cm ですか。

□

(3) ウの めんの まわりの 長さは 何cm ですか。

□

5 右の ような 紙を 点線で おりまげて はこを 作ります。〈10点×3〉

(1) アの めんと むかい合う めんは どれですか。

□

(2) イの めんと むかい合う めんは どれですか。

□

(3) ウの めんと むかい合う めんは どれですか。

□

1 右の ような はこの 形を し
た 図形が あります。〈10点×4〉

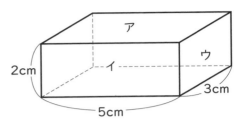

(1) アの めんと むかい合う めんは
　　どのような 形ですか。

(2) イの めんと むかい合う めんの まわりの 長さは 何cmで
　　すか。

(3) ウの めんと むかい合う めんの まわりの 長さは 何cmで
　　すか。

(4) アの めんに 直角に 交わる めんは 何こ ありますか。

2 アの はこが たくさん あります。アの はこを イの はこ
の 中に しきつめると, いちばん 多くて 何こ つめられますか。

〈10点〉

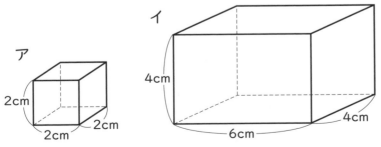

3 ア, イの 図について, 答えなさい。〈10点×5〉

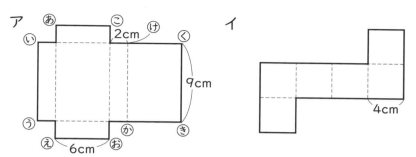

(1) アの 図の まわりの 長さは 何cm ですか。
　　（しき）

(2) アの 図を 点線で おって はこを 組み立てると, はこの 形
　　の まわりの 長さは 何cm ですか。
　　（しき）

(3) アの 図を 点線で おって はこを 組み立てるとき, ちょう点
　　あと かさなる ちょう点を すべて 答えなさい。

(4) アの 図を 点線で おって はこを 組み立てるとき, へんいう
　　と かさなる へんは どれですか。 「へん○○」と 答えなさい。

(5) アと イの 図を 点線で おって はこを 組み立てると, さい
　　ころの 形に なるのは どちらですか。

★★★ 最高レベル　　🕐30分　　　　／100　　答え61ページ

1 右の 図は はこを 切って
ひらいた ものです。〈8点×5〉

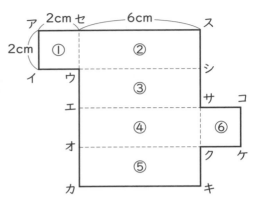

(1) ①と ⑥の めんは どのような
図形ですか。

(2) ②～⑤の めんは どのような
図形ですか。

(3) 点線で おって はこを 組み立てるとき，イと かさなる
ちょう点は どれですか。

(4) 点線で おって はこを 組み立てるとき，キと かさなる
ちょう点は どれですか。すべて 答えなさい。

(5) 点線で おって はこを 組み立てるとき，へんケコと かさなる
へんは どれですか。

2 さいころの 目は，むかい合う めんの
数を たすと，つねに 7に なります。右の
図は，組み立てると さいころに なります。
アと イの 目の 数を あわせると いくつ
ですか。〈10点〉

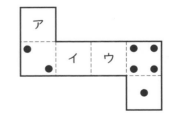

3 下の 図は，点線で おりまげて 組み立てると さいころの
形に なります。空いている めんに 目の 数を 書き入れなさい。

(1)

(2)

4 1ぺんの 長さが 1cm の さいころ
の 形を した 小さな はこを 右の よ
うに つみかさね，さらに 6つの めんを
赤い 色で ぬりました。〈8点×5〉

(1) できあがった 図形の 1ぺんの 長さ
は 何cm ですか。

(2) 小さな はこを 何こ つみかさねましたか。
（しき）

(3) 1めんだけ 赤く ぬられた 小さな はこは 何こ ありますか。

(4) 2めんだけ 赤く ぬられた 小さな はこは 何こ ありますか。

(5) 1めんも 赤く ぬられていない 小さな はこは 何こ ありま
すか。

復習テスト⑬

🕐 25分　　／100　答え62ページ

1 □に あてはまる 数を 書きなさい。〈8点×4〉

(1) 2m62cm + 4m58cm = ① ▢ m ② ▢ cm

(2) 1m80cm + 5m35cm − 3m44cm = ① ▢ m ② ▢ cm

(3) 5L260mL + 8dL = ① ▢ L ② ▢ mL

(4) 7L3dL + 3L ▢ mL = 10L8dL

2 右の 図の ような はこが あります。〈10点×3〉

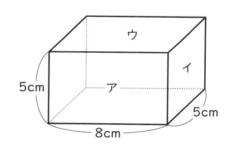

(1) アの めんの 形は どのような 図形ですか。

▢

(2) すべての へんは 何本 ありますか。

▢

(3) すべての へんの 長さを あわせると，何cmに なりますか。
（しき）

▢

3 2へんの　長さが　10cmの　二等辺三角形が　あります。〈9点×2〉

(1) イと　ウが　かさなる　ように
おります。できあがる　図形は
何ですか。

(2) この　二等辺三角形を　4こ　つかって　二等辺三角形を　作ります。同じ　長さの　2へんは　何cmに　なりますか。

4 ジュースを　ゆうさんは　150mL，しょうへいさんは　240mL，たつやさんは　180mL　のみました。〈10点×2〉

(1) 3人が　のんだ　シュースは　ぜんぶで　何mLですか。
（しき）

(2) ゆうさんと　しょうへいさんが　のんだ　ジュースの　かさの　合計と，たつやさんが　のんだ　ジュース　かさの　ちがいは　何mLですか。
（しき）

復習テスト⑭

🕐 25分　　／100　　答え62ページ

1 □に　あてはまる　数を　書きなさい。〈8点×4〉

(1) 7m14cm − 2m48cm = ① □ m ② □ cm

(2) 3m6mm × 6 = ① □ m ② □ cm ③ □ mm

(3) 2L80mL × 5 = ① □ L ② □ dL

(4) 3500mL + 20dL + □ L = 8L5dL

2 赤, 青, 白の　3本の　リボンが　あります。青い　リボンは　赤い　リボンよりも　56cm　みじかく, 白い　リボンは　赤い　リボンよりも　1m18cm　長いです。白い　リボンは, 青い　リボンよりも　何m何cm　長いですか。〈10点〉
（しき）

3 あおいさんの　家には　2Lの　お茶が　あります。あおいさんと　兄が　140mLずつ　のみ, 母は　200mL　のみました。3人が　のんだ　お茶は　あわせて　何mLですか。〈10点〉
（しき）

4 つぎの 図形の まわりの 長さは 何cmですか。〈9点×2〉

(1) 1つの へんの 長さが 8cmの 正三角形
（しき）

(2) 同じ 長さの 2へんが 8cm, のこりの 1ぺんが 14cmの 二等辺三角形と 同じ 長さの 2へんが 16cm, のこりの 1ぺんが 14cmの 二等辺三角形を 14cmの へんで くっつけて できた 四角形
（しき）

5 右の 図は 1つの へんが 5cmの 正方形を 組み合わせた ものです。点線で おって 組み立てると, はこが できます。〈10点×3〉

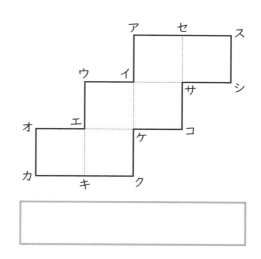

(1) はこを 組み立てると, はこの 形の まわりの 長さは 何cmですか。

(2) はこを 組み立てたとき, ちょう点アと かさなる ちょう点を すべて 答えなさい。

(3) はこを 組み立てたとき, へんオカと かさなる へんは どれですか。「へん○○」と 答えなさい。

思考力問題にチャレンジ③

🕐 30分　　／100　　答え63ページ

1　下の　ように，A〜Hの　8つの　えきが　ならんで　います。ひょうは，えきと　えきの　道のりを　まとめたもので，ひょうの　28kmは，Eえきから　Gえきの　道のりを　あらわして　います。また，Aえきから　Bえきまでの　道のりと，Eえきから　Fえきまでの　道のりは　同じです。〈15点 × 3〉

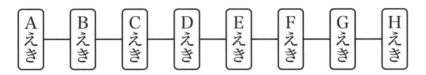

Aえき							
	Bえき						
32km		Cえき					
		26km	Dえき				
	62km			Eえき			
					Fえき		
				28km		Gえき	
126km					38km		Hえき

(1)　Aえきから　Bえきまでの　道のりは　何kmですか。

(2)　Dえきから　Eえきまでの　道のりは　何kmですか。

(3)　Gえきから　Hえきまでの　道のりは　何kmですか。

2 つばきさんは，図1のような，1つの　へんの　長さが　2cm の 正三角形の　タイルを　はりあわせて，大きな　正三角形を　作ります。 図2は，4まいの　タイルを　はりあわせて，1つの　へんの　長さが， 4cm の　正三角形を　作った　ものです。

図1　　　　　　　図2

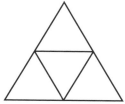

(1) 16まいの　タイルを　はりあわせて　できる　正三角形の　まわり の　長さは　何 cm ですか。〈10点〉

(2) タイルを　はりあわせて，1つの　へんの　長さが　12cm の　正 三角形を　作るとき，タイルは　何まい　ひつようですか。〈15点〉

(3) つばきさんは，タイルを　はりあわせて，さらに　大きい　正三角 形を　作ろうと　しましたが，タイルが　14まい　たりませんでし た。もっている　タイルで，いちばん　大きい　正三角形を　作る と，タイルが　1まい　のこりました。つばきさんが，もっている タイルは　何まいですか。また，つばきさんが　作ることが　でき た　いちばん　大きい　正三角形の　1つの　へんの　長さは　何 cm ですか。〈15点 × 2〉

タイルの　まい数

へんの　長さ

いろいろな　もんだい　　　　　　　　学習日　　月　　　日

21　　いろいろな　もんだい①

ねらい▶ 植木算では，間の数がいくつになるかに注意して，端から端までの長さや間隔を求める力を身につける。

★　標準レベル　　　　　　　　　　⏱15分　　　　　／100　　答え64ページ

1 6本の　木を　4mずつ　間を　あけながら，うえて
いきました。木の　はしから　はしまでは，何mに　なるかを，
つぎの　ように　考えました。□に　あてはまる　数を　書きなさい。

〈24点〉

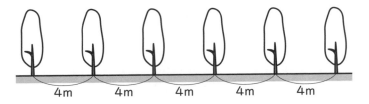

4m　4m　4m　4m　4m

●木と　木の　間の　数は，

① □ － ② □ ＝ ③ □ （こ）

●はしから　はしまでの　長さは，

④ □ × ⑤ □ ＝ ⑥ □ （m）

2 2本の　電しんばしらの　間に　ある　まっすぐな　道に，7m
ずつ　間を　あけて，5本の　木を　うえました。2本の　電しんばし
らの　間の　長さは　何mですか。〈12点〉

（しき）

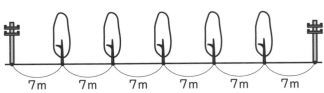

7m　7m　7m　7m　7m　7m

3 丸い 池の まわりに 6mおきに 木を うえていくと，
ちょうど 8本に なりました。この 池の まわりの 長さは
何mですか。〈14点〉

（しき）

4 うめの 木を，まっすぐな 道に そって 3mおきに 7本
うえました。うめの 木の はしから はしまでは 何mですか。〈15点〉

（しき）

5 長い リボンを 9cmずつ 切って いくと，7回 切った
ところで，さいごの リボンの 長さも 9cmに なりました。
切る 前の リボンの 長さは 何cmですか。〈15点〉

（しき）

6 長さが 2mの 長いす 3こを，1mずつ 間を あけて
おきました。長いすの はしから はしまでは 何mですか。〈20点〉

（しき）

★★　上級レベル　　🕐 25分　　／100　　答え **64**ページ

1　長さが　32mの　まっすぐな　道に　そって，はしから　はしまで　9本の　ぼうを　同じ　長さずつ　はなして　立てます。〈15点×2〉

(1) ぼうと　ぼうの　間は　いくつ　ありますか。
　　（しき）

(2) ぼうは，何mおきに　立てれば　よいですか。
　　（しき）

2　長さが　10cmの　紙テープが　4まい　あります。これらの　テープを　2cmずつ　かさね，のりで　はっていきます。ぜんぶの　長さは　何cmに　なりますか。〈10点〉
（しき）

3　まわりの　長さが　24mの　丸い　円に，8人の　子どもが　同じ　長さずつ　はなれて　ならびます。となりの　人と，何mおきに　はなれて　ならべば　よいですか。〈15点〉
（しき）

4 | 1本の 長さが 8cm の 紙テープ 9本を, 同じ 長さずつ
かさねて のりで はると, ぜんぶの 長さが 56cm に なりました。
何 cm ずつ かさねましたか。〈15点〉

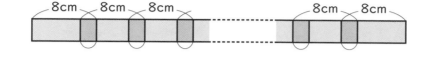

（しき）

5 | よこの 長さが 50cm の 紙に, よこの 長さが 5cm の
シールを よこに ならべて 6まい はります。どの シールの 間
も 同じ 長さに すると, その 間は 何 cm ずつに なりますか。
ただし, りょうはしの シールは, 紙の はしから 5cm はなして
はるものと します。〈15点〉

（しき）

6 | 36m の まっすぐな 道に, はしから 4m おきに はたを
立てた後, りょうはしの 2本は そのままにして, ほかの はたを
6m おきに ならべ なおします。このとき, はたは 何本 あまりま
すか。〈15点〉

（しき）

1 長さ 8cm の 赤い 紙テープと, 長さ 6cm の 青い 紙テープを 赤, 青, 赤, 青, …の じゅんに 5まいずつ ならべました。この 紙テープを 2cmずつ かさねて はると, ぜんぶの 長さは 何cm に なりますか。〈10点〉

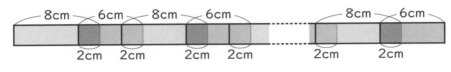

（しき）

2 長さ 40cm の まっすぐな 線の, はしから はしまで 8cm おきに 赤い シールを はります。赤い シールと シールの 間に は, 2cm おきに 黄色い シールを はります。赤い シールと 黄色い シールは, それぞれ 何まいずつ いりますか。〈15点〉

（しき）

赤い シール	黄色い シール

3 図1の ような わを, 図2の ように つなぎました。わを 6こ つないで できた くさりの 長さは 何mm ですか。〈15点〉

（しき）

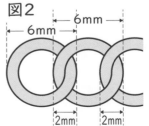

図1　図2

4 1ぺんが 6cm の 正方形の
色紙を, となりの 色紙との
かさなりが, たて 1cm, よこ 2cm に
なるように かさねて, のりで
はります。右の 図は, 色紙を
4まい ならべた ときの 図です。

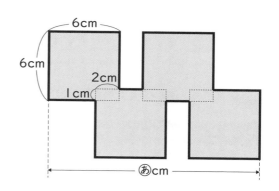

また, 図の 太い 線で かかれた 長さを あわせた ものを,
まわりの 長さとし, 図の ㋐の 長さを, よこの 長さと します。

〈15点×4〉

(1) 図の, まわりの 長さは 何cm ですか。
  (しき)

(2) 色紙を 8まい ならべたときの ㋐の 長さは,
  何cm ですか。
  (しき)

(3) 色紙を 何まいか ならべると, ㋐の 長さが 42cm に
  なりました。このとき, 正方形を 何まい ならべましたか。
  (しき)

(4) (3)のときの, まわりの 長さは 何cm ですか。
  (しき)

22 いろいろな　もんだい②

学習日　　月　　日

ねらい 和差算，分配算などの考え方や，線分図を利用して，問題を解く力を身につける。

★ **標準レベル**　　　🕐 15分　　　／100　　　答え66ページ

1 あいさんと　しょうさんが　もっている　ビー玉の　数を
あわせると　24こで，あいさんは　しょうさんよりも　6こ　多く
もっています。□に　あてはまる　数を　書きなさい。〈20点×2〉

(1) しょうさんの　ビー玉の　数は　何こか　もとめます。

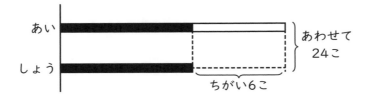

● 図で，2人の　■■を　あわせた　数は，

$$\boxed{①} - \boxed{②} = \boxed{③} （こ）$$

● 2人の　■■の　数は　同じなので，1人分の　■■の

数は，$\boxed{④} ÷ \boxed{⑤} = \boxed{⑥}$ （こ）だから

しょうさんの　ビー玉の　数は，$\boxed{⑦}$こ。

(2) あいさんの　ビー玉の　数は　何こか　もとめます。

$$\boxed{①} + \boxed{②} = \boxed{③} （こ）$$

2 12この あめを ゆめさんと そうさんで 分^わけたら，ゆめさん
の 数が，そうさんの 数の 2ばいに なりました。ゆめさんと そ
うさんの あめの 数が それぞれ 何こか もとめます。
□に あてはまる 数を 書きなさい。〈20点〉

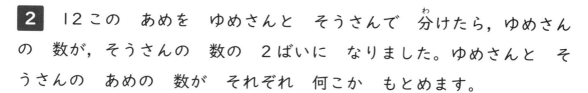

● 図の ├──┤ が 3こ分で あめの 数が ①[　　　]こに
なるので，├──┤ 1この，あめの 数は，

②[　　　] ÷ ③[　　　] = ④[　　　]（こ）分に なります。

● そうさんの あめの 数は，⑤[　　　]こ，ゆめさんの あめの

数は，⑥[　　　] × ⑦[　　　] = ⑧[　　　]（こ）

3 大小 2つの 数 ㋐と ㋑が あります。㋐と ㋑を たすと
23で，㋐から ㋑を ひくと，7に なります。㋐と ㋑の 数を
それぞれ もとめなさい。〈20点〉
（しき）

㋐　　　　　　　　　　　㋑

4 ノート 36さつを みくさんと こうさんで 分けます。みくさ
んが こうさんの 3ばいに なるように 分けると，こうさんは 何
さつ もらえますか。〈20点〉
（しき）

1 よこの 長さが たての 長さよりも 3cm 長い 長方形が あります。この 長方形の まわりの 長さが 18cm のとき，長方形 の たてと よこの 長さは それぞれ 何cm ですか。〈12点〉

（しき）

たて	よこ

2 お茶が，大きい 入れものには 10L，小さい 入れものには 8L 入っています。大きい 入れものの お茶を，小さい 入れもの の お茶の 2ばいに するには，小さい 入れものから 大きい 入 れものへ，お茶を 何L うつせば よいですか。〈12点〉

（しき）

3 くりと かきと なしが あわせて 56こ あります。くりは かきの 4ばい，なしは かきの 2ばい あります。〈12点×2〉

(1) かきは 何こ ありますか。

　　（しき）

(2) なしと くりの 数の ちがいは，何こですか。

　　（しき）

4 1組の 子ども 32人に ラーメンと カレーの どちらが す きかを 聞くと, ラーメンが すきな 人数は, カレーが すきな 人数の 5ばいよりも 2人 多いことが わかりました。ラーメン, カレーが すきな 人数は, それぞれ 何人ですか。〈12点〉

(しき)

ラーメン	カレー

5 はこに えんぴつと ペンと ふでが 入っています。えんぴつは ペンより 4本 少なく, ふでよりも 3本 多いです。はこの 中には ぜんぶで 31本 入っています。〈13点×2〉

(1) ふでと ペンは, それぞれ 何本 ありますか。

(しき)

ふで	ペン

(2) えんぴつが あと 何本 あれば, ふでの 数の 3ばいに なりますか。

(しき)

6 3つの 数 ㋐, ㋑, ㋒が あります。㋒は ㋑よりも 8大きく, ㋐より 3小さいです。3つの 数を あわせると 34に なります。㋐の 数は いくつですか。〈14点〉

(しき)

★★★ 最高レベル　　⏱30分　　／100　　答え67ページ

1　しほさんと　姉が　もっている　シールの　まい数は，あわせて　37まいです。姉は，しほさんの　3ばいよりも，5まい　多く　もっています。〈14点×2〉

姉
しほ
5まい
37まい

(1) 図で，しほさんの　4ばい（太い　線の　ところ）は，何まいですか。

（しき）

(2) しほさんは，何まい　もっていますか。

（しき）

2　ぎゅうにゅうと　ジュースを　あわせると　2Lです。ぎゅうにゅうは，ジュースの　2ばいよりも　2dL多いです。ぎゅうにゅうと　ジュースは，それぞれ　何dL　ありますか。〈14点〉

（しき）

ぎゅうにゅう	ジュース

3　28この　ガムを，兄と　姉と　だいちさんで　分けたら，兄は　姉の　2ばい，姉は　だいちさんの　2ばいでした。だいちさんは，ガムを　何こ　もらいましたか。〈14点〉

（しき）

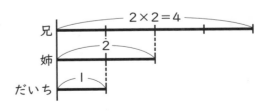

兄
姉
だいち
2×2=4
2
1

4 まわりの 長さが 14m の 長方形を 作りました。この 長方形の たての 長さは, よこの 長さの 3ばいより 1m みじかくなっています。たてと よこの 長さは, それぞれ 何mですか。

〈14点〉

（しき）

たて　　　　　　　　　　よこ

5 70この みかんを, はるとさん, ゆうきさん, めぐさんの 3人で 分けます。ゆうきさんは めぐさんの 2ばい もらい, はるとさんは ゆうきさんの 3ばいよりも 2こ 少なく もらいました。はるとさんは, 何こ もらいましたか。〈15点〉

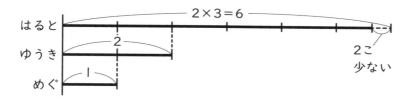

（しき）

6 ⑦, ⑦, ⑦の 3つの 数が あります。⑦は ⑦の 3ばいより 2小さく, ⑦は ⑦の 2ばいより 1大きいです。また, 3つの数を たすと 35に なります。⑦の 数は いくつですか。〈15点〉

（しき）

23 いろいろな もんだい③

ねらい 消去算などの考え方を利用して，年齢などを題材にしたいろいろな問題を解く力を身につける。

★ **標準レベル**　　⏱15分　　／100　　答え68ページ

1 画用紙 5まいと えんぴつ 2本を 買うと，210円になり，画用紙 3まいと えんぴつ 2本を 買うと，190円に なります。画用紙 1まいが 何円か もとめます。□に あてはまる 数を 書きなさい。〈20点〉

画用紙 5まい　　□□□□□ ✏✏ ➡ 210円
えんぴつ 2本

画用紙 3まい　 ─　 □□□ ✏✏ ➡ −190円
えんぴつ 2本
　　　　　　　　　─────────────────
　　　　　　　　□□ ➡ 20円

　画用紙 5まいと えんぴつ 2本から，画用紙 3まいと えんぴつ 2本を ひくと，画用紙 2まいが のこり，お金の ちがいは ①□ − ②□ = ③□ （円）に なります。

だから，画用紙 1まいの ねだんは，

④□ ÷ ⑤□ = ⑥□ （円）と なります。

2 あめ玉 4こと ラムネ 3こを 買うと，72円です。あめ玉 4こと ラムネ 5こを 買うと，88円です。ラムネ 1こは 何円ですか。〈20点〉

（しき）

3　ある　店では，キャラメル　2この　ねだんは，クッキー　1こ
の　ねだんと　同じです。キャラメル　3こと　クッキー　3こで　72
円です。キャラメル　1この　ねだんが　何円か　もとめます。□に
あてはまる　数を　書きなさい。〈20点〉

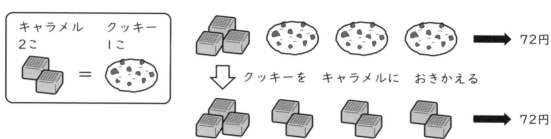

クッキー　1こを　キャラメル　2こに　おきかえると，72円は

キャラメル　①□　この　ねだんと　同じなので，キャラメル

1この　ねだんは，②□　÷　③□　＝　④□　（円）　です。

4　赤テープ　3本と　青テープ　2本を　つなげて　はると，45cm
に　なります。青テープ　1本の　長さは，赤テープ　3本の　長さと
同じです。赤テープ　1本の　長さは　何cmですか。〈20点〉
（しき）

□

5　はるさんと　父の　年れいを　たすと　40才です。4年後に　父
の　年れいは　はるさんの　5ばいに　なります。今の　父は，何才で
すか。〈20点〉
（しき）

□

★★ **上級レベル**　⏱25分　／100　答え68ページ

1　せんべい　2まいと　あめ　3こを　あわせた　ねだんは，42円です。せんべい　1まいは，あめ　2こと　同じ　ねだんで　買えます。あめ　1こは　何円ですか。〈14点〉

（しき）

2　ぎゅうにゅうが，びん　1本と　パック　4本で，14dL　あります。びん　1本には，パック　3本分の　ぎゅうにゅうが　入ります。パック　1本には，何dLの　ぎゅうにゅうが　入りますか。〈14点〉

（しき）

3　赤の　色紙　2まいと，青の　色紙　5まいを　買うと　16円，赤の　色紙　1まいと，青の　色紙　2まいを　買うと　7円です。青の　色紙は，1まい　何円ですか。〈14点〉

赤 × 2 ＋ 青 × 5 ＝ 16　そのまま　→　　赤 × 2　＋ 青 × 5 ＝ 16
赤 × 1 ＋ 青 × 2 ＝ 7　しきを　2ばい　→　− 赤 × 2 ＋ 青 × 4 ＝ 14

ひき算する

（しき）

4 かいとさんと　母と　兄の　年れいを　あわせると，64才です。母の　年れいは　かいとさんの　5ばい，兄の　年れいは　かいとさんの　2ばいです。3人は，それぞれ　何才ですか。〈14点〉

（しき）

かいとさん	母	兄

5 もえさんは　3人姉妹です。もえさんの　姉は，もえさんより　6才　年上で，妹は　もえさんより　3才　年下です。3人の　年れいを　あわせると，27才に　なります。〈14点×2〉

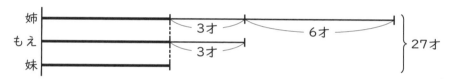

(1) 図で，妹の　年れいの　太い　線の　ところは，何才に　なりますか。

（しき）

(2) もえさんと　姉は，それぞれ　何才ですか。

（しき）

もえさん	姉

6 すずさんと　まゆさんの　年れいを　たしても，そうさんと　りくとさんの　年れいを　たしても，それぞれ　24才に　なります。まゆさんは　すずさんよりも　6才　年上で，そうさんよりも　2才　年下です。りくとさんは，何才ですか。〈16点〉

（しき）

1 こうきさんと　兄と　弟の　年れいを　たすと，28才です。父の
今の　年れいは　32才です。兄弟　3人の　年れいを　たした　数と
父の　年れいが　同じに　なるのは，今から　何年後ですか。〈11点〉
（しき）

2 3しゅるいの　はこ ⦿, ⊕, ⦵に　ケーキを　入れます。はこ
⦿と　⊕を　1つずつ　つかうと，ケーキは　ぜんぶで　6こ入り，は
こ⦿と　⦵を　1つずつ　つかうと，ぜんぶで　5こ，はこ⊕と　⦵を
1つずつ　つかうと，ぜんぶで　3こ　入ります。〈11点×2〉

(1) はこ⦿, ⊕, ⦵を　1つずつ　つかうと，ケーキは　ぜんぶで
　　何こ　入りますか。
　　（しき）

(2) はこ⊕に　ケーキは　何こ　入りますか。
　　（しき）

3 3つの　数 ㋐, ㋑, ㋒のうち，㋐と　㋑を　たすと　4，㋑と
㋒を　たすと　8，㋐と　㋒を　たすと　6です。㋐の　数を　もとめ
なさい。〈11点〉
（しき）

4 のんさんと 妹と 母の 年れいを たすと, 63才で, のんさん の 年れいは 妹の 2ばいです。母の 年れいは, のんさんの 3ば いです。〈11点×2〉

(1) のんさんと 母は, それぞれ 何才ですか。
　　（しき）

のんさん	母

(2) 母の 年れいが, のんさんの 2ばいに なるのは, 何年後ですか。
　　（しき）

5 こうたさんは, 兄より 2才 年下で, 弟より 7才 年上です。 3人の 年れいを あわせると, 31才です。〈11点×2〉

(1) こうたさんの 年れいは 何才ですか。
　　（しき）

(2) 4年後, 兄の 年れいは, 弟の 何ばいに なりますか。
　　（しき）

6 赤と 白と 青の ひもが あり, 赤2本, 白2本, 青1本の 長さを あわせると 15cmで, 赤4本, 白2本, 青1本の 長さ を あわせると 19cmです。赤1本と 白1本の 長さを あわせる と 青1本の 長さと 同じに なります。赤, 白, 青の ひもを 1本 ずつ たした 長さは, 何cmですか。〈12点〉
（しき）

24　いろいろな　もんだい④

> **ねらい** 数や図について規則性を見つけ，数個先に並んでいるものを，書き出したり計算したりできるようにする。

★ 標準レベル　　　🕐 15分　　　／100　　答え **70** ページ

1 りんごと　みかんが　下の　ように　ならんで　います。〈10点×3〉

🍎🍎🍎🍊🍎🍎🍊🍎🍎🍊🍎🍎🍊🍎🍎🍊 …

(1) □に　あてはまる　数を　書きなさい。

上の　図は，　りんごが　①[　　]こと，みかんが　②[　　]この

くりかえしに　なって　います。

(2) はじめから　数えて　35番目は
りんごと　みかんの　どちらですか。　[　　　　　　　　]

(3) はじめから　50番目までに　みかんは　何こ　ありますか。
🍎🍎🍎🍊🍊 の　組の　中の　みかんの　数を　りようして
答えなさい。　[　　　　　　　　]

2 マッチぼうを　右のように
ならべて，正方形を　作ります。

〈10点×2〉

(1) 正方形が　6このとき，つかった　マッチぼうは　何本ですか。
（しき）

[　　　　　　　　]

(2) マッチぼうを　58本　つかうと，正方形は　何こ　できますか。
（しき）

[　　　　　　　　]

3 下の ように 数字が ならんで います。〈10点×2〉

5 6 3 4 1 2 5 6 3 4 1 2 5 6 3 4 1 2 …

(1) いくつの 数字の ならびが くりかえされて いますか。

(2) 10回目に 「3」の 数字が ならぶのは，左から 数えて
何番目ですか。
（しき）

4 たて 1cm，よこ 3cm の 長方形を 下の 図の ように かさ
ねていきます。〈15点×2〉

1番目　　　　2番目　　　　　　　3番目

3cm
1cm

(1) 6番目の 図の まわりの 長さは 何cm ですか。
（しき）

(2) まわりの 長さが 88cm に なるのは，何番目ですか。
（しき）

★★　上級レベル　　🕐 25分　　／100　　答え 70 ページ

1　36 人の　クラスで，子どもに　1番，2番，3番，…　と　番ごうを　つけ，右の図の　ように　子どもを　1ぱんから　4はんの　4つの　はんに　分けます。〈8点×2〉

1ぱん	2はん	3ぱん	4はん
1	2	3	4
8	7	6	5
9	10	11	12
…	…	…	…

(1) 1ぱんに　入る　子どもは　何人ですか。

(2) 28番の　子どもは　何はんに　入りますか。

2　図の　ように　白と　黒の　ご石を　ならべます。〈8点×3〉

1番目　　2番目　　3番目　　4番目　　5番目　　…

(1) 10番目の　いちばん　下の　だんには　どちらの　色の　ご石が　何こ　ならびますか。

　　　　　　の　ご石が　　　　　　　ならぶ。

(2) 10番目は　白い　ご石が　あわせて　何こ　ならびますか。

(3) 12番目は　ご石が　あわせて　何こ　ならびますか。

3 右の ように，数を ならべて

いきます。〈9点×4〉

(1) 9行目の 6れつ目の 数は

何ですか。

	1れつ目	2れつ目	3れつ目	4れつ目	5れつ目	6れつ目
1行目	1	2	3	4	5	6
2行目	7	8	9	10	11	12
3行目	13	14	15	16	17	18
4行目	19	20	21	22	23	24
⋮	…					
	…					

(2) 6行目の 3れつ目の 数は

何ですか。

(3) 8行目の 5れつ目の 数は

何ですか。

(4) 66 は 何行目の 何れつ目に ありますか。

行目の　　　　　れつ目

4 図の ように，数を 上の だんから じゅんに，また 同じ だ
んでは 左から じゅんに 同じ 数を ならべて いきます。〈8点×3〉

(1) はじめから 数えて 25番目の 数は 何ですか。

```
        1
       2 2
      3 3 3
     4 4 4 4
    5 5 5 5 5
        ・
        ・
        ・
```

(2) はじめて 12が 出て くるのは，はじめから

数えて 何番目ですか。

(3) はじめから 50番目までの 数を あわせると いくつに

なりますか。

★★★ 最高レベル　　　⏱ 30分　　　／100　　答え71ページ

1 3つの　記ごう　○，△，□を　つぎの　ように　ならべます。

○，△，□，△，□，○，□，○，△，□，△，□，○，□，○，△，□，△，…

〈10点×2〉

(1) はじめから　数えて　35番目の　記ごうは　何ですか。

(2) はじめから　42番目までに　□は　何こ　ありますか。

2 1ぺんが　1cmの　正方形を，右の　図の　ように　ならべて　いきます。

〈10点×3〉

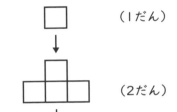
（1だん）

（2だん）

（3だん）

(1) 6だんまで　ならべるには，正方形は　何こ　いりますか。

(2) 6だんまで　ならべたとき，図形の　まわりの　長さは　何cmですか。
（しき）

(3) 図形の　まわりの　長さが　70cmに　なるのは，何だん　まで　ならべた　ときですか。
（しき）

3 右の ように 数字を ならべて いきます。〈10点×3〉

(1行目) 1
(2行目) 2　3
(3行目) 4　5　6
(4行目) 7　8　9　10
(5行目) 11　12　13　14　15
(6行目) 16　17　18　19　20　21
(7行目)　　　…

(1) 10行目に ならぶ 数字は 何こ ですか。

(2) 10行目の いちばん 左の 数字は 何ですか。

(3) 10行目に ならぶ 数字を あわせると いくつですか。

4 下の 図の ように, 白と 黒の ご石を ならべます。はじめに 白い ご石, そのまわりに 黒い ご石を 正方形の 形に ならべて いきます。〈10点×2〉

はじめ　　正方形1こ　　正方形2こ　　　　正方形3こ

○

(1) 白い ご石の まわりに 黒い ご石を 正方形 5こ分 ならべたとき, 白と 黒の ご石は あわせて 何こ いりますか。

(2) 黒い ご石を 112こ ならべたとき, 白い ご石の まわりの 正方形は 何こ できますか。

25 いろいろな もんだい⑤

ねらい 与えられた条件を整理し，物事を推理していく力を身につける。

★ **標準レベル** 🕐15分 /100 答え72ページ

1 A～Dの 4人が それぞれ あめ玉を もっています。もっている あめ玉の こ数に ついて，つぎの ①～③の ことが わかりました。

□に あてはまる 記ごうを 書きなさい。〈10点×3〉

---

① Aが もっている あめ玉の こ数は，多い ほうから 数えて 2番目です。

② Bが もっている あめ玉の こ数は，Cよりも 少ないです。

③ Dが もっている あめ玉の こ数は，BとCの 間です。

---

(1) ②から，Bと Cを もっている あめ玉の こ数が 少ない 人から ならべると， ①□ ， ②□ に なります。

(2) ②と③から，Bと Cと Dを もっている あめ玉の こ数が 少ない 人から ならべると， ①□ ， ②□ ， ③□ に なります。

(3) ①から，Aが もっている あめ玉の こ数は，多い ほうから 数えて 2番目なので，A～Dを もっている あめ玉の こ数が 少ない 人から ならべると， ①□ ， ②□ ， ③□ ， ④□ に なります。

2 A～Eの 5人は，水やり当番を きめています。月曜日から 金曜日の 5日間，1日に 3人ずつ，同じ 回数だけ 当番を します。□に あてはまる 数や ことば，記ごうを 書きなさい。〈14点×5〉

> A：「水曜日と 木曜日は じゅくが あるから むりなんだ。」
> B：「れんぞくして 来るのは いやだな。」
> C：「水曜日から 3日 れんぞくが いいな。」
> D：「月曜日に 近くに 来るから 月曜日が いいな。」
> E：「いつでも いいから 3日 れんぞくが いいな。」

A～Eの 話を，右の ひょうに まとめます。

	月	火	水	木	金
A	○	○	×	×	○
B					
C	×	×	○	○	○
D	○				
E					

(1) 5日間で，当番は ① □ 人分です。

5人で 当番をするので，1人 ② □ 日ずつ 入れば よいことに なります。

(2) Bは 「れんぞくして 来ない」ので，① □ 曜日・② □ 曜日・③ □ 曜日の 当番に なります。

（①～③の じゅん番は ちがって いても ○です。）

(3) 月曜日の 当番は，A・① □ ・② □ ，金曜日の 当番は，A・③ □ ・④ □ の 3人に きまります。

（①，②の じゅん番は ちがって いても ○です。）

（③，④の じゅん番は ちがって いても ○です。）

(4) Eは，「3日 れんぞく」なので，① □ 曜日・② □ 曜日・③ □ 曜日の 当番に なります。

（①～③の じゅん番は ちがって いても ○です。）

(5) 水曜日の 当番は ① □ ・② □ ・③ □ の 3人に きまります。

（①～③の じゅん番は ちがって いても ○です。）

Dは 月曜日と，④ □ 曜日・⑤ □ 曜日の 当番に なります。

（④，⑤の じゅん番は ちがって いても ○です。）

1　そうたさん，ゆうとさん，かえでさん，さくらさんが　もっている　おり紙の　まい数に　ついて，つぎの　①〜③の　ことが　わかりました。□に　あてはまる　名前を　書きなさい。〈10点×4〉

> ①　そうたさんの　まい数は　さくらさんの　2ばいです。
> ②　さくらさんの　まい数は　ゆうとさんよりも　多いです。
> ③　かえでさんの　まい数は　ゆうとさんと　さくらさんの　まい数を　あわせた　数と　同じです。

(1) ①と②から，さくらさんの　まい数は　ゆうとさんよりも　多いので，そうたさん，さくらさん，ゆうとさんを　少ない　まい数の　人から　ならべると，①[　　　]さん，②[　　　]さん，③[　　　]さんと　なります。

(2) ③から，かえでさんの　まい数は，①[　　　]さんと　②[　　　]さん　それぞれの　まい数　よりも　多い　ことが　わかります。

(3) ①〜③から，かえでさんと　そうたさんでは　[　　　]さんの　ほうが，おり紙の　まい数が　多いことが　わかります。

(4) 4人を　少ない　まい数の　人から　ならべると，①[　　　]さん，②[　　　]さん，③[　　　]さん，④[　　　]さんと　なります。

2 A～Fの 6人は かかりの 当番を きめます。当番は, 月曜日 から 土曜日の 6日間, それぞれ 3人ずつ, 6人とも 同じ 回数だけ 当番を します。6人は つぎの ように 話しています。〈15点×2〉

A:「毎回, Bさんと いっしょに 当番を したいな。」
C:「3日 れんぞくが いいけど, 火曜日と 土曜日は むりだよ。」
D:「火曜日が いいな。でも, れんぞくして 来るのは いやだな。」
E:「木曜日 から 土曜日は ならいごとが あるんだ。」
F:「火曜日と 木曜日に 当番を したいな。」

(1) Aと Bが いっしょに 当番を するのは 何曜日 ですか。
　　すべて 答えなさい。

(2) Fは のこりの 1日を 何曜日に 当番を しますか。

3 こうきさんと みゆうさんが, 数当てゲームを しています。
□に あてはまる 数を 書きなさい。〈10点×3〉

こうきさん:「答えの 数は 2けただよ。この 数は, 6で わって 3を たしたあと, 2ばい すると 20に なるよ。」

みゆうさん:「2ばいする 前の 数は ①　　　かな？」

こうきさん:「そうだね。」

みゆうさん:「じゃあ, 3を たす 前の 数は ②　　　だね。」

こうきさん:「そうそう。ということは…。」

みゆうさん:「6で わる前, つまり 2けたの 数は ③　　　だね。」

こうきさん:「せいかい！」

★★★ 最高レベル　　　⏱30分　　　／100　　答え73ページ

1　A～Cの　3人で，夏休みの　8月16日(日)～31日(月)の　間
に　1ぱく2日で　Aさんの　家に　とまって　あそぶ　日を　きめま
す。3人は　よていに　ついて，つぎの　ように　話して　います。

Aさん：「土曜日と　日曜日いがいなら　とまれるよ。」

Bさん：「26日と，28日，29日いがいなら　あそべるよ。」

Cさん：「20日までは　いそがしいんだ。それより　あとが　いいな。」

3人が　Aさんの　家に　とまるのは，8月何日　から　何日まで
ですか。〈20点〉

8月　　　　　日から　　　　　　日

2　A～Fの　6組で，そう当たりせんを　しました。そう当たりせ
んでは，1つの　組が　ほかの　すべての　組と　しあいを　します。
これに　ついて，ゆうなさんと　はんなさんが　話して　います。〈20点〉

> ゆうなさん：「A組は，C組と　D組には　かったよ。かった　しあ
> 　　　　　　　いの　数は　2で，C組と　D組より　少なかったよ。」
>
> はんなさん：「C組，強かったね。B組は　A組との　しあいには
> 　　　　　　　かったけど，ほかの　組には　まけちゃった。」
>
> ゆうなさん：「どの　しあいも　引き分けは　なかったね。」
>
> はんなさん：「ゆうしょうした　C組は，A組にだけ　まけたよね。」
>
> ゆうなさん：「ほかの　組は　C組より　かった　数が　少ないね。」

　E組の　かち数が　3の　とき，
どの組に　かちましたか。右の
図を　つかって　答えなさい。

	A	B	C	D	E	F	かち数
A		×	○	○			2
B	○						1
C	×						
D	×						
E							
F							

3 A～Dの 4人の 年れいに ついて, つぎの ことが わかっ
て います。2番目に 年れいが 大きいのは, だれですか。〈20点〉

---

① Aは Bよりも 15才 年上です。

② Bと Cの 年の ちがいは, Aと Cの 年の ちがいの 2
ばいです。

③ Aと Dの 年の ちがいは 3才です。

④ Cと Dの 年の ちがいは, Aと Dの 年の ちがいの 4
ばいです。

---

4 A～Eの 5チームで ゲームを して 合計点の 高い チー
ムから 1番, 2番…と きめました。同じ 合計点の チームは あ
りません でした。点数と じゅん番に ついて, つぎの ことが わ
かっています。〈20点×2〉

---

① Aチームと Cチームの 点数の ちがいと, Aチームと E
チームの 点数の ちがいは, 同じです。

② Bチームと Eチームの 点数の ちがいは 20点です。

③ Dチームは Aチームよりも 10点 ひくいです。

④ Cチームは Eチームよりも 12点 高いです。

⑤ 1番と 3番の チームの 点数の ちがいは 14点です。

⑥ Cチームは 60点です。

---

(1) 1番の チームは どこですか。

(2) Dチームは 何点ですか。

復習テスト⑮

🕐 25分　　／100　　答え74ページ

1 まわりの 長さが 720m の 池に，8本の 木を うえます。木と 木の 間を 同じ 長さに するとき，木を 何mおきに うえれば よいですか。〈12点〉

（しき）

2 よこの 長さが たての 長さよりも 10cm みじかい 長方形が あります。この 長方形の まわりの 長さが 48cmのとき，長方形の たてと よこの 長さは それぞれ 何cmですか。〈13点〉

（しき）

たて	よこ

3 ゆうとさんと 父と 妹の 年れいを あわせると，63才です。父の 年れいは 妹の 4ばい，ゆうとさんの 年れいは 妹の 2ばいです。3人は，それぞれ 何才ですか。〈15点〉

（しき）

ゆうとさん	父	妹

4 図の ように 白と 黒の ご石を ならべます。〈15点×2〉

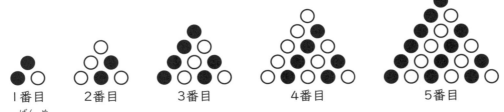

1番目　2番目　3番目　4番目　5番目

(1) 8番目は ご石が あわせて 何こ ならびますか。

（空欄）

(2) 10番目は 白い ご石が あわせて 何こ ならびますか。

（空欄）

5　A～Eの 5人が, 月曜日から 金曜日の 5日間の ほうかご
に, 1日に 2人ずつ 同じ 回数だけ クラスの けん玉を かりま
す。5人は, つぎの ように 話しています。〈15点×2〉

A:「月曜日, 水曜日, 金曜日の どれか 2日が いいな。」
B:「月曜日と 火曜日は かかりが あるから だめなんだ。」
C:「月曜日から 水曜日は ならいごとが あるから むりだよ。」
D:「月曜日に, Aさんと いっしょに けん玉を かりたいよ。」
E:「水曜日と 金曜日は 外で あそぶから だめだよ。」

(1) 火曜日に けん玉を かりるのは だれと だれですか。

と

(2) 金曜日に けん玉を かりるのは だれと だれですか。

と

復習テスト⑯　　⏱ 25分　　／100　　答え74ページ

1　48mの　道の　りょうはしに　ぼうを　2本　立てたあと，ぼう
と　ぼうの　間が　8mに　なるように　ぼうを　ならべます。このと
き，ぼうは　ぜんぶで　何本　ひつようですか。〈10点〉

（しき）

2　はるとさんと　りなさんと　しょうたさんは　シールを　もって
います。はるとさんの　シールは　りなさんの　シールより　10まい
多く，しょうたさんの　シールは　はるとさんより　5まい　少ないで
す。3人の　シールの　数を　あわせると　75まいに　なります。は
るとさんの　シールの　数は　何まいですか。〈15点〉

（しき）

3　ほのかさんと　姉の　年れいを　たすと　18才に　なります。け
んじさんと　兄の　年れいを　たすと　22才に　なります。ほのかさ
んは　姉より　6才　年下で，けんじさんよりも　2才　年下です。け
んじさんの　兄は　何才ですか。〈15点〉

（しき）

4 ある サッカークラブには, 48人の子どもが います。子どもに 1番ばん, 2番, 3番, … と 番ごうを つけ, 右の ように 子どもを Aから Fの 6つの チームに 分わけます。〈15点×2〉

A	B	C	D	E	F
1	2	3	4	5	6
12	11	10	9	8	7
13	14	15	16	17	18

(1) 1チームに 入る 子どもは 何人ですか。

(2) 40番目の 子どもは どの チームに 入りますか。

5 あきらさん, かおるさん, さとしさん, たくみさんの 4人の 年れいに ついて, つぎの ような ことが わかっています。〈15点×2〉

あきらさんは さとしさんより 5才 年上です。
かおるさんの 年れいは たくみさんの 年れいの 3ばいです。
あきらさんと さとしさんの 年れいを あわせた 数は, かおるさんの 年れいと 同おなじです。
たくみさんは 7才です。

(1) かおるさんは 何才ですか。

(2) さとしさんは 何才ですか。

過去問題にチャレンジ

🕐 **30**分　　／**100**　　答え**75**ページ

1　[れい] の　ような　4×4の　マス目が　あり，　それぞれの
マス目に　数字を　入れて　いきます。入れる　数字は，1，2，3，4
の　いずれか　1つ　ですが，つぎの　ような　ルールが　あります。

〈本郷中学校〉

① たて，よことも，同じ　れつには，すべて　ことな
　　る　数字が　入ります。

② [れい] の　ように，2×2マスに　分けられている
　　4つの　ブロックに　入る　数字も　すべて　こと
　　なります。

[れい]

4	3	2	1
2	1	4	3
3	4	1	2
1	2	3	4

下は，Xくんと　Yくんの　会話です。

X：「こんな　ひょうを　もらったんだけど，ルール
　　　通りに　数字を　入れると　すると，いくつの
　　　数字の　入れ方が　あるんだろう。」

Y：「むずかしいね。どこか　数字が　きまる　とこ
　　　ろは　ないのかな。」

X：「3が　3かしょに　入っているから，あと　1
　　　つ　どこかに　入る　はずだよね。あっ，わかった。
　　　Aの　ところに　入る　数字は　3じゃない？」

Y：「本当だ。どの　れつにも　同じ　数字は　1こ　しか　入れな
　　　いから，Aが　3だよね。」

X：「ほかに　数字が　きまる　ところは　ないかな。」

Y：「うーん，ない　みたいだね。だったら，いくつか　数字を　あ
　　　てはめて　考えて　みようよ。」

[れい]

（4×4のマス目、上段右から2つ目に 3、左2段目に 3、3段目に 3 4）

（4×4のマス目、上段右から2つ目に 3、左2段目に 3、3段目に 3 4、最下段右に A）

X:「じゃあ，ひょうの　Cなんだけど，1，2，4の
　　どれかが　入るんだよね。たとえば　2が　入
　　ると　してみたら　どうなるかな。」

Y:「そのときは，Bと　Dに　入る　数字が　きま
　　るよね。」

X:「あっ，だったら　Eに　入る　数字も　きまるよ。」

	E	3	D
3			C
	3	4	B
			A

(1) D，Eに　入る　数字を　答えなさい。〈20点×2〉

D 　　　　　　 E

Y:「のこった　マスも　すべて　数字が　きまるよ
　　ね。」

X:「本当だね。こんどは　Cが　1の　ときを　た
　　めして　みようかな。そうすると，ひょうの
　　Fに　入る　数字も　きまるよ。」

	E	3	D
3			C
	3	4	B
	F		A

(2) Fに　入る　数字を　答えなさい。〈20点〉

X:「へぇ，かのうせいの　ある　数字を　じゅん番に　あてはめて
　　いけば，きちんと　数える　ことが　できるんだね。あとは
　　Cが　4のときだけど，これは　ちょっと　たいへんかな。」

Y:「だいじょうぶだよ，ていねいに　やれば　数え　上げられるさ。」

X:「そうだね，何とか　できそうだ。わかった，さいしょの　ひょう
　　では，ぜんぶで　[　ア　]つの　数字の　入れ方が　あるんだ！」

(3) [　ア　]に　あてはまる　数字を　答えなさい。〈40点〉